U0363660

魔芋
栽培与加工利用

MOYU ZAIPEI YU JIAGONG LIYONG

张和义　编著

中国科学技术出版社
·北 京·

图书在版编目（CIP）数据

魔芋栽培与加工利用 / 张和义编著 . —北京：
中国科学技术出版社，2017.6（2021.6 重印）
ISBN 978-7-5046-7483-8

Ⅰ. ①魔… Ⅱ. ①张… Ⅲ. ①芋—蔬菜园艺
②芋—加工 Ⅳ. ① S632.3

中国版本图书馆 CIP 数据核字（2017）第 094853 号

策划编辑	张海莲 乌日娜	
责任编辑	王绍昱	
装帧设计	中文天地	
责任校对	焦 宁	
责任印制	徐 飞	
出　　版	中国科学技术出版社	
发　　行	中国科学技术出版社有限公司发行部	
地　　址	北京市海淀区中关村南大街16号	
邮　　编	100081	
发行电话	010-62173865	
传　　真	010-62173081	
网　　址	http://www.cspbooks.com.cn	
开　　本	889mm×1194mm　1/32	
字　　数	150千字	
印　　张	6.125	
版　　次	2017年6月第1版	
印　　次	2021年6月第3次印刷	
印　　刷	北京长宁印刷有限公司	
书　　号	ISBN 978-7-5046-7483-8 / S·645	
定　　价	22.00元	

Contents 目 录

第一章
概　述

一、魔芋起源与传播

魔芋（*Amorphophallus rivieri* Durieu）又叫磨芋或蒟蒻（音举弱）、蒟芋、蒻头。另外，还有许多地方俗名：云南称花麻蛇、山豆腐，贵州称花秆莲、鬼蜡烛，四川称灰菜，江西称虎掌、花把伞、花梗莲、蛇头草，陕西称麻芋子，广西称南星、天星芋、天南星、土南星、七角莲、香炉芋，广东称南星头、南芋、蛇春头或蛇蒜头，浙江称土半夏、花秆南星，上海称蛇头草。有的地方还称它为鬼芋、鬼头、蛇六谷、蛇苞谷、花梗莲、蛇玉米、黑豆腐、黑芋头以及"蒿"的（闽东）等。晋（266—316）崔豹《古今注》中："扬州人谓蒻为班仗，不知食之。"据崔熙等考证，当时所称"班仗"，实为今称的东亚魔芋。南朝齐梁时期，《神农本草经集注》中有："由跋出始兴（今广东始兴），今人亦种子，状如乌翣而布地，花紫色，根似附子。"李恒等考证，从由跋的产地、叶片形状、花色等的描述，可确认当年所称的由跋即今日普遍栽培的花魔芋。

魔芋是自然界中含有大量葡甘聚糖的特种作物，用途广泛，且单产较高。每 667 米^{2}产量 2 000～2 700 千克、最高可达 5 000 千克，使其成为 21 世纪的朝阳产业。近年来，国内外市场对魔芋及其加工产品的需求越来越大，出现供不应求的局面。

全世界魔芋有 260 种以上，已定名的约 170 种，但供食用的仅约 20 种。我国魔芋已记载的有 30 余种，其中 13 种为我国特有，如台湾大魔芋、台湾魔芋、硬毛魔芋、云南西盟魔芋、勐海魔芋、攸落魔芋等。我国的魔芋分布很广，自南方到陕、甘、宁均有，分布范围在北纬 20°～35°之间。一般认为，魔芋原产于印度和斯里兰卡，远古时代传入锡兰岛和印度支那，进而传到我国，后又输往日本。也有人认为，我国和非洲也是起源地之一。目前，除我国盛产魔芋外，印度、斯里兰卡、日本和东南亚国家都有分布和栽培。

蒟蒻主产于四川，民国初年曾以干货即魔芋片或芋角外销，首次打入国际市场，并深受日本等国人民的欢迎。

刘佩瑛教授等在四川产地考察发现，魔芋叶柄上有刺突等野生性状。因此，认为中国西南热带地区可能是魔芋的起源地之一。

二、魔芋的分布

魔芋为半野生植物，主要分布于东经 65°～140°、北纬 36°至南纬 10°的热带、亚热带亚洲各国（或地区），如中国、日本、越南、老挝、泰国、孟加拉国、朝鲜、印度、缅甸、菲律宾、印度尼西亚等。非洲部分国家也有分布。其垂直分布最高海拔达 2 500 米，一般在 1 000 米以下的地区。我国魔芋广泛分布在北纬 20°～35°地区，北纬由低到高呈递减趋势，其主要产地是四川、湖南、贵州、云南、湖北、广西、陕西、安徽、福建、江西、浙江、广东、台湾、江苏和上海等地，其中尤以陕西、四川、湖北、贵州、云南等省栽培最多。目前，我国魔芋种植面积约为 26 000 公顷，其中陕西约 6 700 公顷、四川 10 000 公顷以上、贵州约 3 400 公顷、湖北约 3 400 公顷、云南约 1 400 公顷。产量以长江流域为多，质量以金沙江两岸为优。

陕西省的魔芋资源主要在陕南，大多分布在北纬 32°35′～

33°45′、东经105°30′～111°10′的秦巴山区，包括汉江、丹江、嘉陵江流域的26个县。其主要品种为花魔芋和东川魔芋两种。特别是安康市按照"区域化布局，规模化发展，标准化种植，一体化经营"的发展思路，集中力量抓种源、抓基地、抓龙头，通过政府牵头、科研攻关、技术示范、项目引导，有力促进了魔芋产业发展。截止2014年，全市魔芋种植面积达1.42万公顷、产量26万吨，分别占全国的12.4%、14.8%，位居陕西省首位。岚皋县、紫阳县被全国魔芋协会授予九大全国魔芋产业重点基地县，岚皋魔芋还获得国家质检总局地理标志产品认证。魔芋产加销、贸工农一体化的产业体系也初步形成，全市现有魔芋初加工企业20余家、精深加工企业15家，其中省级以上龙头企业4家，秦东魔芋食品有限公司被认定为国家级龙头企业。魔芋加工企业已开发出富硒魔芋精粉、微粉、纯化微粉、休闲食品、保健美容产品、干燥剂、保鲜剂等60多种产品，魔芋综合产值已达17.6亿元，产品远销日韩、东南亚、欧美等多个国家，成为安康最大的农产品出口创汇品种。

我国魔芋分布的海拔上限各地区不尽相同。从四川大凉山黄茅梗，向东到贵州的北盘江、南盘江至广西西部一线以西，这一地区因受印度洋季风气候的影响，一年中干湿季节极为分明，其分布上限为海拔2 000～2 500米。此线以东，属太平洋季风气候影响区，其分布上限在800～1 500米。随着纬度的升高，分布上限相应降低。

影响魔芋生长发育及分布的关键因素是水和温度条件，间接因素是地理位置、地形、地势、海拔高度及品种性状。杨代明等人（1990）根据魔芋自然分布的北界和海拔上限处的气象资料，制订了魔芋综合分区的标准指标体系（表1-1），并根据年降水量和无霜期，将全国魔芋种植区划分为4个主区和6个地貌亚区。

表 1-1　魔芋综合分区的标准指标体系

<table>
<tr><th colspan="2">项　目</th><th>最适区</th><th>适宜区</th><th>不适区</th><th>不能种植区</th></tr>
<tr><td rowspan="5">温
度</td><td>年平均温度（℃）</td><td>14～20</td><td>11～14</td><td>9.5～11</td><td><9.5</td></tr>
<tr><td>≥10℃有效积温（℃）</td><td>>4 000</td><td>2 900～4 000</td><td>2 600～2 900</td><td><2 600</td></tr>
<tr><td>7～8月份平均温度（℃）</td><td>17.5～25</td><td>12.5～17.5</td><td>25～30</td><td><12.5
>30</td></tr>
<tr><td>7～8月份平均最高温度（℃）</td><td>20～30</td><td>15～20</td><td>30～35</td><td><15
>35</td></tr>
<tr><td>无霜期（天）</td><td>>260</td><td>220～260</td><td>200～220</td><td><200</td></tr>
<tr><td rowspan="3">降
水
量</td><td>6～9月份降水量（毫米）</td><td>150～200</td><td>100～150
200～250</td><td><100
>250</td><td></td></tr>
<tr><td>7～8月份平均相对湿度（%）</td><td>80～95</td><td>76～80</td><td><76</td><td></td></tr>
<tr><td>年降水量（毫米）</td><td>>1 200～
1800</td><td>800～1 200</td><td>500～800</td><td><500</td></tr>
</table>

（一）西北北部高原、平原干旱半干旱寒冷气候不宜种植区

这一地区包括青藏高原、蒙古高原、西北地区、东北地区和华北地区平原中北部。此区无霜期 <170 天，高原和西北地区年降水量 <500 毫米。

（二）大秦岭山脉及其东南平原丘陵湿润半湿润气候过渡种植区

该区分为 3 个亚区。

1. 黄河渭河流域及其南部平原盆地干热河谷不适宜种植亚区　这一地区包括渭河流域、黄淮平原、四川盆地中央、长江中下游平原、岭南平原、云贵高原干热河谷。黄河渭河流域属大陆季风气候，年降水量 500～1 200 毫米，无霜期 170～240 天，夏季最高温度达 40℃～41.7℃，雨量小，植被破坏和水土流失严重。各平原均为湿润季风气候，热量、雨量充足，7～8 月份最高气温达41.9℃，空气相对湿度 72%～86%。多伏旱，光照极强，不适宜种

植魔芋。

2. 江淮丘陵、东南丘陵次适宜种植亚区   这一地区包括江淮丘陵、江南丘陵和两广丘陵，属湿润半湿润季风气候。江淮丘陵区年降水量 800～1 200 毫米，无霜期 200～240 天，年平均温度12℃～16℃，最高温度 42℃。江南和两广丘陵，水、热充足，年降水量 1 200～2 000 毫米，年平均温度 16℃～24℃，＞10℃有效积温为 5 000℃～9 000℃。但夏季高温暴雨，时有伏旱和台风。宜利用丘陵内河谷、南北坡和良好的植被及间作改变小气候，以利于种植。

3. 秦巴山地适宜种植亚区   该地区包括秦岭以南、岷山至大巴山以北和鄂西北山地。海拔 400～1 000 米，＞10℃有效积温为3 500℃～4 700℃，年降水量 800～1 250 毫米，无霜期 200～270天，空气相对湿度 76%～82%，降雨量均匀，森林植被适宜，调节水、热能力强，可选择低海拔和小于 35°的坡地开发种植。

（三）南部高原山地湿润气候最适种植区

这一地区包括云贵高原、四川盆地周围山地、南岭和南岭山地。本区属热带、亚热带湿润季风气候区，年平均温度 13.5℃～19.6℃，＞10℃有效积温为 3 200℃～6 500℃，7 月份平均温度18℃～27℃，最高温度 35℃，年降水量 1 000～2 000 毫米，7～8月份空气相对湿度达 80% 以上，气候温暖湿润，水、热充足，自然植被覆盖率高，保水保土力强。但重金属矿区的魔芋精粉含砷和铅量高，魔芋仅可作为工业原料使用。该区依 7～8 月份水、热限制因素，可分为 3 个亚区。

1. 四川盆地周围山地最适种植亚区   以广元、雅安、叙永、奉节为内界，以周围高山主脊、高原边缘为外界，山高坡陡，林木覆盖，云多雾重，年平均温度 13.5℃～14.5℃，年降水量 1 100～1 500毫米，盛夏无 35℃以上高温，山地气候明显。以紫色土和石灰岩土为主，含钾丰富，氮、磷缺乏，风、雹、霜、冻、淋等危害严重，土层瘠薄，保肥保墒力差。这一地区的优势是栽培历史悠久，种植面积大，产量高，间作套种和优化栽培技术成熟，最有发展潜力。

2. 云贵高原最适种植亚区 该区为高原地貌，海拔 1 500～2 000 米，盆地、平原、丘陵及山地交错分布。东部海拔 800～2 000 米，夏无酷暑，冬无严寒，年降水量 1 000～2 000 毫米，雨日及夜雨多，湿度大，日照少。西部海拔 1 500～2 000 米，干湿交替明显，年降水量 800～1 500 毫米，但植被破坏严重，多数为灌木草丛石山地。河谷丘陵区低山气候干热、阳光直射强烈，常有伏旱和秋旱，故宜选择适当的山林实行间作套种。

3. 东南山地最适种植亚区 包括江南山区、岭南山区及台湾中央山脉。海拔 400～1 500 米，7～8 月份最高温度 30℃，空气相对湿度 82%～86%，年降水量 1 600～2 000 毫米，垂直差异明显。此区有几个栽培种，适应迅速发展的要求，应加快发展步伐。

（四）南疆准热带湿润气候特适宜种植区

包括雅鲁藏布江下游河谷、滇南地区西部、海南黎母岭山地、台湾中央山脉南部。这一地区为终年常绿热带雨林区，土层深厚，腐殖质多，有机质含量高，土壤质地疏松，肥力高，生物量大。此区为准热带气候，年平均温度 17.5℃～22℃，7～8 月份平均最高温度 30℃；昼夜温差大，6～9 月份为 7℃～9.5℃；空气相对湿度为 83%～90%，年降水量 1 200～1 600 毫米；魔芋资源最丰富，可能是魔芋的重要起源地区之一。

三、魔芋的主要用途

（一）魔芋的成分

魔芋的产品器官是地下块茎。块茎总糖含量为 16.438%、淀粉含量为 43.21%，块茎干样含纤维素 4.34%、灰分 6.975%。其钙含量甚为丰富、为 5 450 毫克 / 千克，镁 1 530 毫克 / 千克，铁 67.6 毫克 / 千克，钾 2.6 毫克 / 千克，钠 43.5 毫克 / 千克，铜 5.6 毫克 / 千克，锰 17.6 毫克 / 千克，锌 22.5 毫克 / 千克。块茎中除含淀粉、蛋白质、灰分、纤维素、果胶、生物碱、维生素、18 种氨基酸和多种不饱和脂肪酸外，最重要的是含有葡甘聚糖（Konjan Glucomanna，简称 KGM）。葡甘聚糖，即食用纤维 DF（表 1–2，表 1–3），含量为 0%～70%。KGM 存在于魔芋球茎（叶中也有少量）的异细胞中，直径 0.5～2 毫米，比淀粉粒大 10～20 倍，1 个异细胞内含 1 粒，周围由含淀粉的薄壁细胞紧紧包围。不同种魔芋的成分差异很大，如钟苞魔芋含淀粉 27%，而不含葡甘聚糖；我国香港魔芋含葡甘聚糖 55%，而淀粉含量极少；我国栽培最广的花魔芋含葡甘聚糖 50%，淀粉 10%。白魔芋葡甘聚糖含量最高（51.05%），珠芽魔芋次之，花魔芋最低。珠芽魔芋的叶面球茎、白魔芋的芋鞭葡甘聚糖含量分别占干物质的 47.8% 和 46.59%（图 1–1）。葡甘聚糖经淀粉酶或魔芋粉中细菌作用，生成甘露蜜糖，为三糖类，经酸水解生成 2 分子甘露糖和 1 分子葡萄糖。不同种魔芋的葡甘聚糖溶胶在 24 小时内比较稳定，存放 48 小时后黏度下降较快，甚至发生沉淀分层现象。对干法和湿法工艺生产的魔芋精粉黏度进行检测，表明湿法加工的黏度显著高于干法加工（P<0.01）。干法加工的葡甘聚糖黏度的大小顺序是珠芽魔芋地下球茎＞珠芽魔芋叶面球茎＞白魔芋球茎＞白魔芋芋鞭；采用湿法加工，大小顺序是：花魔芋球茎＞珠芽魔芋叶面球茎＞珠芽魔芋地下球茎＞白魔芋球茎＞白魔芋芋鞭（图 1–2）。

表 1–2 魔芋鲜芋及精粉的主要成分 （%）

材 料	葡甘聚糖	碳水化合物	蛋白质	脂 肪
鲜 芋	12.43	53.78	9.58	—
精 粉	65	—	3.45	1.05

表1-3 魔芋精粉中氨基酸含量 （%）

种 类	含 量	种 类	含 量	种 类	含 量
天冬氨酸	0.542	谷氨酸	0.255	丙氨酸	0.122
丝氨酸	0.105	甘氨酸	0.103	苏氨酸	0.031
脯氨酸	0.041	缬氨酸	0.051	异亮氨酸	0.034
亮氨酸	0.047	酪氨酸	0.041	苯丙氨酸	0.036
赖氨酸	0.046	组氨酸	0.022	精氨酸	0.059
色氨酸	0.013	胱氨酸	微	蛋氨酸	微

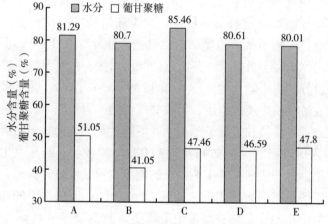

图1-1 魔芋中水分及葡甘聚糖的含量 （孙天伟等，2008）
A. 白魔芋   B. 花魔芋   C. 珠芽魔芋
D. 白魔芋芋鞭   E. 珠芽魔芋叶面球茎

　　魔芋块茎干片中含淀粉42.05%，葡甘聚糖56%～60%。从魔芋块茎中提取的魔芋精粉，每100克魔芋精粉干物质中含葡甘聚糖60～80克。葡甘聚糖呈晶体颗粒状态存在于块茎中，晶粒表面和晶粒之间还附有淀粉、蛋白质、纤维、多种生物碱等物质。葡甘聚糖是由葡萄糖和甘露糖缩合而成的高分子多糖物质，属食用半纤维素。淀粉也是一种多缩己糖，是由葡萄糖分子通过α-1, 4糖苷键连

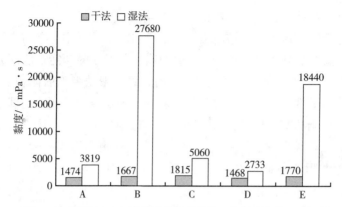

图 1-2　不同加工方法的魔芋精粉黏度 （孙天伟等，2008）
A.白魔芋　B.花魔芋　C.珠芽魔芋
D.白魔芋芋鞭　E.珠芽魔芋叶面球茎

接而成，二者性质相近。葡甘聚糖的分子式是 $[C_6H_{10}O_5]_n$，它的确切结构尚无统一定论，推测认为是由 D-葡萄糖和 D-甘露糖按 2：3 或 1：6 的摩尔比，以 β-1, 4 糖苷键结合构成的复合多糖。在主链甘露糖的 C_3 位上存在着通过 β-1, 3 键结合的支链结构，每 32 个糖残基上有 3 个左右的支链，支链只有几个残基的长度。天然的魔芋葡甘聚糖分子，除葡萄糖和甘露糖外，还含有微量的乙酰基、糖醛酸残基和磷酸基。纯葡甘聚糖中，含碳（C）43.87%～44.01%，氢（H）6.16%～6.22%，灰分低于 0.1%。葡甘聚糖在常温下，能溶于稀酸或稀碱中，但不溶于醇、酮、酯等有机溶剂中。在强碱液中的葡甘聚糖经加热后，可转化为固体不可逆的立体网状似海绵结构的凝胶，网眼内充满着不能自由流动的水，使整个物系变成具弹性的半固体，并失去黏性。在加热的酸液中（pH 值小于 4），则发生水解，形成葡萄糖和甘露糖。遇到油脂类，则分解成油泡状的水液状物。在醇、醚、酮、酯等溶液中发生脱水，从而影响到凝固成形。

葡甘聚糖能与水化合，形成溶胶。大于 1% 的精粉溶液呈胶冻状或半胶冻状的溶胀状态，小于 0.5% 的精粉溶液呈稀溶液。这种溶胶的吸水膨胀率达 80～100 倍，并具有良好的增稠性、稳定性、乳化性、悬浮性、成膜性和胶凝性。

魔芋在人体中不能被唾液、胰液淀粉酶水解消化，在消化器官中吸水膨胀后使人产生饱腹感，并具有润肠通便的功能，使部分未被吸收的食物成分随粪便排出；同时，葡甘聚糖吸水后体积膨胀，成为具有黏性的纤维素，可延缓营养物质的消化和吸收，单糖吸收减少，使脂肪酸在体内合成下降，从而达到减肥效果，还可有效地预防和治疗糖尿病。魔芋葡甘聚糖能在消化道内与胆固醇等结合，阻碍中性脂肪和胆固醇的吸收，降低血清胆固醇，调节脂质代谢。魔芋精粉制品，是膳食纤维的丰富来源，饮食中增加后可以清洁胃肠，防治便秘和结肠癌，增强免疫功能，抑制肿瘤活性。

栽培魔芋的主要目的在于提取和利用其中的葡甘聚糖。用葡甘聚糖制备凝胶过程中的基本化学反应是脱除乙酰基支链，因而可选用一系列的促胶凝剂，使乙酰基发生皂化反应。石灰水含氢氧化钙，碳酸钠水解后产生氢氧化钠，磷酸三钠水解后产生氢氧化钠、碳酸钾、磷酸三钾、苛性钾等，都可作为促凝剂，控制溶液的 pH 值，使之达到 10.5～11.5，促使葡甘聚糖在 70℃ 左右条件下发生胶凝。

葡甘聚糖经酶及酸水解后，产生低黏度的多糖，可配制成新型饮料。

魔芋粗淀粉蛋白质含量 1.48%、脂肪含量 0.29%、淀粉含量 81.12%。魔芋淀粉中支链淀粉的含量高于马铃薯和玉米，透光率高达 55.2%，其溶解性好于玉米淀粉和马铃薯淀粉，其膨胀度远小于两者。直链淀粉的含量依次为：玉米 > 马铃薯 > 魔芋，老化值的大小依次为玉米 > 马铃薯 > 魔芋。魔芋淀粉中支链淀粉含量最高，玉米淀粉中支链淀粉含量最低。魔芋淀粉的冻融稳定性最好，是一种品质优良的食用淀粉。

魔芋中含有生物碱，其含量随品种及部位而异，顶芽中生物碱含量最高、达到 0.48%，其次是表皮，球茎中含量最低、仅为 0.14%。白魔芋表皮的生物碱含量最高，珠芽魔芋最低。珠芽魔芋球茎生物碱含量最高，花魔芋最低（图 1-3）。

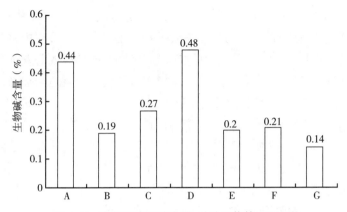

图 1-3　魔芋生物碱的含量 （孙天伟等，2008）

A～G 依次为白魔芋表皮、珠芽魔芋表皮、花魔芋表皮、
花魔芋顶芽、白魔芋球茎、珠芽魔芋地下球茎、花魔芋球茎

　　魔芋生物碱提取液在 200～700 纳米进行紫外光谱扫描，结果
显示魔芋表皮和顶芽的生物碱提取液均在 241 纳米处有吸收峰，而
块茎的生物碱提取液都在咪唑基团特征波长 211 纳米处有吸收峰
（表 1-4）。不同品种的同一部位生物碱的吸收峰几乎相同，而同一
品种的不同部位的生物碱的吸收差异大。

表 1-4　魔芋生物碱的紫外光谱吸收峰 （孙天伟等，2008）

生物碱来源	主要吸收峰波长 / 纳米
白魔芋皮	241，289
珠芽魔芋皮	241，286，215
花魔芋皮	241，286，211
花魔芋顶芽	241，205
白魔芋球茎	273，221，211
珠芽魔芋地下球茎	260，231，221，211，215
花魔芋球茎	272，211，215

魔芋块茎中，含生物碱1%～2%。生物碱有毒，对多种病菌、害虫和老鼠有明显的抑制、毒杀或驱避作用。在加工过程中，若触及皮肤，则有麻手、麻脚、红肿、痛痒之感。若遇酸或遇碱则受破坏，红肿痛痒立即消失。因此，在加工魔芋食品时要适当加碱，消除麻涩，保持魔芋食品的独特风味和品质。

魔芋块茎中含有单宁。单宁与碱性凝固剂及铁离子（Fe^{3+}）发生变色反应，常使魔芋产品颜色立即从洁白变成淡（或深）黄色乃至墨绿色。因此，为获得洁白的魔芋制品，必先尽可能地采用酒精精制或采用多次水洗法等除去精粉中的单宁及其他杂质。若糊液中仍有一定量的单宁时，要获得色泽较好的魔芋制品且无铁离子，可用碱性较弱的碳酸钠作凝固剂，其用量为精粉重的5%～6%。

魔芋叶柄中含有游离的D-甘露糖，叶中含三甲胺，花序中含维生素B_1。魔芋新鲜块茎中，含有大量多酚氧化酶，当其与空气中的氧气接触后，发生氧化，能使魔芋切片、断面或伤口在短时间内迅速变成褐色，进而转变为黑色，这种过程叫"褐变"。褐变影响产品的外观和质量，在加工过程中应注意防止。例如，减少和缩短块茎伤口在空气中暴露的时间，避免块茎与铁、铜等器具的接触，以及采用一些化学物质防止多酚氧化酶的作用等，以尽量减少褐变。

另外，魔芋块茎经加工可分离出桦木酸、β-谷甾醇、蜂花烷、木糖等。

（二）魔芋开发利用的价值

魔芋块茎中含有大量的葡甘聚糖。葡甘聚糖和淀粉在生物合成时均以葡萄糖为"基础原料"向不同途径合成，因此二者在魔芋块茎中的含量表现相反关系。种或品种不同，其干物质中葡甘聚糖含量为0～60%，而淀粉含量则为10%～77%。例如，白魔芋含葡甘聚糖达60%以上，淀粉含量仅11%；而疣柄魔芋葡甘聚糖含量为0，淀粉含量为77%；野魔芋含葡甘聚糖44%，淀粉27%。有的魔芋资源虽不含或含少量葡甘聚糖，但也可开发利用，如甜魔芋，块茎质地较嫩，淀粉含量高，健壮少病，产量高，可开发作蔬菜；疣柄魔芋产量极高，淀粉含量高，可开发作饲料。魔芋富含生物碱，可研究在医药上的开发利用。葡甘聚糖能吸收比自身重 50 倍的流体，并具有形态的可逆性，即在常温下呈液体状或糊状，温度升高到 60℃以上时变为固态，冷却后又返回液态或糊状。因其具有这种独特性状，被人们广泛利用开辟了许多新的用途。加之，葡甘聚糖具有极好的水溶性、成膜性、黏附性、增稠性、悬浮性、胶凝性、黏弹性、保水性、稳定性、涂抹性、保鲜性、驻香性、乳化性等，因而在工业、食品及医药卫生等方面都有着广泛的用途（表 1-5）。

表 1-5　魔芋葡甘聚糖的特性及用途

特　性	用　　　　　　途
水溶性	薄膜、多层薄膜、涂料、纤维、种子、肥料、微胶囊、食品、色素、着色剂、调味剂
可食性	薄膜、多层薄膜
驻香性	多层薄膜、烟草、化妆品、日化、香料、微胶囊、食品
皮膜性	涂料、保鲜剂
可塑性	塑料
造膜性	化妆品、糕点、海带、香料、糖果
黏附性	化妆品、种子、冷冻食品、香料
亲水性	医药
黏结性	烟草、黏结剂、铸形、糕点、海带、珍珠、香料、冷冻食品、海苔、仿鲜食品、渍物、畜肉类制品、调味剂、即食食品、微胶囊、海味品、胶合板与纤维板制作
黏弹性	糕点、冷冻食品、糖果、海苔、调味剂、增色剂
出光性	印染、绘图赋形剂、糕点、珍珠、调味剂
增黏性	快餐食品、冷食、海味品、冷冻食品、畜肉制品
保水性	面食，仿鲜食品
即溶性	香料、糖果、快餐食品、饮料、封堵剂
涂膜性	微胶囊、蛋、果品加工
保鲜性	蛋、水果、蔬菜、水产品、畜禽肉类保鲜

续表 1-5

特　性	用　　途
接着性	烟草、接着剂、海苔、腌渍食品、海带
固接性	肥料、饲料、饵料造粒
被覆性	蛋、水果、豆制品包装、保鲜
颤动性	冷冻食品、仿鲜海产
悬浮性	饮料、果酱、啤酒
流变性	溶胶、凝胶、弹性、强度、硬度
混溶性	淀粉制造、胶料
吸水性	造纸
抗菌性	医药、农药
胶凝性	医药材料
无公害性	黏结剂、铸模、肥料、农资
改良适口性	糕点、面食类、豆腐、糖果、水产炼制品
低热值性	限量食品、保健食品
耐鞭打性	冷食品、面点
易晒透性	海味品
保湿稳定性	化妆品、西餐食品
片剂黏结性	医药
再湿黏结性	黏合剂、封堵剂
黏结稳定性	仿鲜食品、油炸食品、赋形剂
给予浓厚性	饮料、调味品
品质改良性	糕点、豆腐、面点、水产食品、糖果
乳化稳定性	调味剂、冷食品
防止老化性	西餐食品、糕点、印刷胶辊、拷贝、胶片
化学反应性	化学试剂、饮料、凝胶、食品添加剂
微生物分解性	塑料
胶凝固着性	科研固着剂、组织培养
抗冲击稳定性	钻探、胶体、炸药
热、冷水可溶性	快餐食品
抑制热量吸收性	专用食品、保健食品
赋予浓烈气味性	饮料、调味剂

（三）魔芋在食品业上的应用

魔芋是重要的食用作物。魔芋干粉的含热量只有大米、小麦面粉的 45% 左右，人食用后在肠道消化，使肠道系统酶类分泌能力与活性加强，有提高消除肠壁上沉积废物的作用，并可降低人体对单糖的吸收，延缓消化过程，使脂肪酸在人体内的合成速度下降，从而抑制肝脏和血液中胆固醇含量的升高，降低血脂和血糖，扩张毛细血管，达到降压、减肥、保健之功效。正因为如此，魔芋食品被人们誉为"魔力食品""肠道的扫把"，越来越受到人们的青睐。新鲜魔芋块茎中含有生物碱，有小毒，不能吃。但经加碱煮制成"魔芋豆腐"后，凉拌、炒、烧均甚鲜美，是川、湘传统的著名菜肴。四川峨眉山产的"金顶雪魔芋"，更是珍贵的食品。近年研究，将魔芋精粉作添加剂，掺入面粉、豆制品等，可制成多种美味佳肴。在小麦面粉中掺些魔芋精粉制成的"金河芋角面条"，有久煮水不浑、回锅面不断、润滑爽口、富有弹性等特点；加入魔芋葡甘聚糖制成的果酱、冰淇淋、果冻、魔芋糊、魔芋软心巧克力等食品，食味、口感更加良好。

魔芋淀粉很神奇，它的膨胀力可以达到 80～100 倍，吃一点点就会感到很饱，但它的热量则很低，是理想的减肥健美食品。魔芋是日本民间最受欢迎的风雅食品之一，几乎每户每餐必食之，日本厚生省明确规定中小学在配餐中必须有魔芋食品。目前，日本已是世界上最大的魔芋食品消费国，每年都从中国、印度尼西亚等国进口大量的魔芋淀粉。

利用魔芋葡甘聚糖的成膜性，生产出的食品保鲜膜、包装纸、微胶囊（粉末油脂）、粉末香精等，无化学物质残留，既可防止食品腐败变质、发霉虫蛀，又可抑制水分蒸发，阻止氧气渗入，减少贮物呼吸，能显著延长保鲜期。用其处理后的豆腐可保存 10 天，香蕉保存期可由 5 天增加至 30 天。同时，还可配成 0.05%～2% 魔芋葡甘聚糖溶液，用喷雾、浸渍或涂布等方法，使其在新鲜食品表面形成一层薄膜，或者掺入某些加工食品中，均可显著延长贮存期限。将新鲜鸡蛋洗净擦干，浸渍于 0.3% 魔芋葡甘聚糖溶液中片刻，然后捞出自然风干，置温度为 27℃、空气相对湿度为 70% 的环境中，存放 21 天还新鲜如初，存放 30 天以上仍能食用；而未经处理的，在相同条件下 12 天就会变黑发臭。利用葡甘聚糖的流变性、溶胶性制作果汁、饮料的悬浮剂和添加剂，成本比用琼脂低 75%，而且产品具有低热值、口味佳等优点。利用葡甘聚糖的黏结性可增加面制品的面筋度，使面包保湿、保水、保香、保松软；用于挂面可减少断头；用作馄饨皮、春卷皮、面片，煮后不浑汤，并能增加筋韧性、咀嚼性、口感好。添加魔芋粉的量为面粉或米粉的 0.5% 左右。若为魔芋微粉（120 目）可直接加入，混匀后直接和水；若为精细粉（60～120 目），应先用水糊化 2 小时后和面粉。利用其保水性、黏弹性、胶凝性可制成魔芋豆腐、魔芋乳清蛋白凝胶食品、大豆蛋白凝胶食品、热可逆凝胶食品。在豆制品中，起稳定剂作用，并可延长保存期。易拉罐装，可 12 个月内不油析、不凝固、不漂浮、不沉淀。在杏仁奶、椰奶、花生奶、核桃奶、粒粒橙、果汁、果茶、八宝粥等饮料中，可起到增稠持水和稠定等作用，延长保质期。此外，魔芋葡甘聚糖是一种水溶性膳食纤维，还能把重金属原子、放射性元素、放射性同位素从人体内排出。

（四）魔芋在医药上的应用

魔芋除消化性溃疡者外，一般人皆可食用，尤其适用于便秘、胆结石、糖尿病患者。魔芋所含的烟酸、维生素 C、维生素 E 等能减少体内胆固醇的积累，防止动脉硬化和脑血管疾病。魔芋中所含的甘露糖苷、硒、锌等对癌细胞代谢有干扰作用，能提高机体免疫力；所含的膳食纤维能刺激机体产生一种杀灭癌细胞的物质，能够防治癌症。魔芋所含六价铬，能延缓葡萄糖的吸收，有效地降低餐后血糖，从而减轻胰脏的负担，使糖尿病患者的糖代谢处于良性循环状态。1986 年，华西医科大学（成都）及第三军医大学（重庆）等开始进行魔芋对人体的医疗保健作用的研究。华西医科大学梁荩忠等研究魔芋精片对糖尿病人糖脂代谢的影响，用魔芋精片治疗非胰岛素依赖性糖尿病，每日 3 次、共 2.4 克。1 个月后，病人空腹及餐后血糖分别下降 18% 及 10%，总胆固醇下降 19%，甘油三酯下降 30%，而高密度脂蛋白则升高了 13%。因此，魔芋精片可作为治疗糖尿病及高血脂病的辅助药物。彭恕生等所做的魔芋精粉对无机营养的影响及对有害无机离子的排阻作用研究证明：每日食 9 克魔芋精粉，对人体钙、铁、锌含量表现和对消化并无影响。食用 18 个月后，对股骨重及钙、磷含量、骨形态计量参数等，与对照组无显著差异；体外模拟胃肠道环境，测得可与 Pb^{2+}、Zn^{2+}、Ca^{2+}、Fe^{2+} 结合；检测粪尿表明，精粉可阻碍人体对铅的吸收，但已吸收者不能促其排出；对大鼠可降低镉中毒反应。

　　魔芋性寒、味辛，其生物碱有毒。入药主治痈肿风毒。捣碎，以灰汁煮成饼，五味调食，主消渴，能化痰散结，具有去肺寒、利尿、行瘀、解毒、消肿、健脾开胃、降血脂、清胆固醇、护肤、养发等功效，对肺结核、癌症、高血脂、糖尿病、心脏病、胆石症、急性化脓性腮腺炎、疔疮、丹毒、瘰疬、积滞饱胀、疟疾、经闭等都有一定疗效。还常用于治疗癌症、脑瘤，国外还用其提取治癌物质。"蛇六谷"是上海等地习惯用的治疗肿瘤的特色药材，它的原植物就是魔芋、华东魔芋及海芋。该药创始于 1924 年，因其对各种癌症的疗效显著，深受医家喜爱，用量很大，仅上海群力草药店，1 年使用量就达 30 吨。用魔芋和其他中药配制成的"软坚散结汤"，能治疗鼻咽癌，对甲状腺癌、子宫颈癌、直肠癌、食管癌及流行性腮腺炎均有一定的疗效。魔芋中的纤维素可以刺激肠壁，增加肠道蠕动，帮助消化，并把肠内有毒物质迅速排出体外，防止便秘，对痔疮、静脉瘤有辅助疗效。同时，膳食纤维增加后，会诱导产生大量好气菌类，很少产生致癌物质。所以，多吃魔芋可以防止结肠癌。在日本称魔芋为胃肠的"扫把"。魔芋葡甘聚糖分子大、黏性大、吸水性强、含热量低，能使糖尿病患者血糖降低；魔芋中的葡甘聚糖具有很强的成胶能力，遇水膨胀成胶，使胃有胀感，可降低胃排空速度和餐后血糖、胰岛素分泌、胃肠吸收等，达到减肥的作用。魔芋葡甘聚糖可以降低血压，膳食纤维能降低血液中胆固醇的含量，并帮助调节到正常量，有利于防治和缓解心血管疾病。魔芋含碳水化合物少，膨胀系数又大，吃后形成体积大的束水纤维，消化吸收慢，常给人以饱腹的感觉，人又不会吸收过多的热量，可以帮助食量大的胖人控制饮食，使减肥者不受挨饿之苦。魔芋能使血液中的糖值下降，胰岛素增加，有利于防治糖尿病。魔芋是碱性食物，吃动物性食品过多的人，增食魔芋后，可以达到酸碱平衡。

魔芋入药可消肿祛毒，主治肿毒、毒蛇咬伤、炎症、烫伤。魔芋花与猪肉混炖，可治老人头晕、咳嗽和支气管炎。用蛇莓配合白花蛇舌草、蛇六谷（魔芋）治疗类风湿关节炎，疗效显著。

利用魔芋块茎中含有多种生物碱的有毒成分，作为保护植物的药剂，可以克服施用高毒农药污染环境造成的公害。如用 0.01% 魔芋葡甘聚糖与卵磷脂混合，搅拌成乳状液后，喷在红花、茶叶等植物新芽上，3 周后观察未见虫害，而未处理的 1 周内即可看到许多蚜虫。

魔芋葡甘聚糖具有成膜性并含有多种生物碱，可作为食品的天然保鲜防腐剂。用0.5% 魔芋葡甘聚糖溶液浸渍草莓或杨梅 10 秒钟，自然干燥后贮存 1 周仍然新鲜完好，而未处理的第三天就发生霉菌。用 0.05% 魔芋葡甘聚糖溶液处理新鲜沙丁鱼，搁置 4 天，仍然新鲜；用 0.3% 魔芋葡甘聚糖溶液处理新鲜鸡蛋，在 27℃ 高温下，经 24 天仍具商品价值，而未处理的 10 天后即不能食用。此外，还可通过用魔芋葡甘聚糖溶液处理来保存豆腐、柑橘、香蕉、苹果、桃子等水果及面包、肉类、蔬菜等食品。

（五）魔芋在工业上的应用

葡甘聚糖吸水后体积膨大 80～100 倍，黏着力强。在包装、建材、交通运输、填充材料、化工堵漏等方面作黏着剂，具有结实、耐压、韧性强、磨损小、不回潮及吸水率低等优点。例如，在染色工业中可作为浆纱的补助剂，在建筑、钻探、瓷器和化工上作涂料、胶黏剂、裂缝填补剂，在选矿、染料、制油和纤维工业中作澄清剂。在造纸业中利用魔芋精粉的黏结性，可制出高强度的纸张；利用其增白性，能制出高级打印纸；利用其吸水性，可制出具有吸水性能好的专用纸。利用魔芋精粉的成膜性，用于电镀业，作抗腐蚀金属的保护剂，在金属表面形成薄膜，可阻止阳离子的腐蚀，保证电镀效果。用葡甘聚糖作钻孔冲洗剂和压裂剂，对深层次复杂地层的石油勘探具有利用价值。近年来，还用葡甘聚糖研制出魔芋美容霜、魔芋护发素、魔芋洗发精及三合一系列产品。日本以魔芋为原料生产净水剂、印刷用胶辊和建筑凝固剂等取得了一定效果。

四、魔芋的市场前景

魔芋被广泛地应用于食品、医药保健及工业领域，有广阔的市场发展前景。我国人民的饮食已从过去的温饱型转向营养保健型，魔芋的价值越来越被人们看好。北京蔬菜公司篮丰蔬菜配送中心生产的"篮鑫"牌京魔芋系列产品，主要原料选用湖北恩施优质精粉，采用日本工艺生产出丝、球、块、条、丁、节等近30个品种，食用方法多样，可凉拌、炒食、煲汤和涮食。陕西省安康市魔芋种植面积1万余公顷，总产量5万吨，有加工企业8家，主要生产魔芋精粉及系列产品1万吨以上。岚皋县研发的"明珠"牌魔芋产品，被评为陕西省名牌产品，产品畅销全国20多个省、直辖市，还出口到日本、韩国、新加坡、欧美等国家和地区。随着现代魔芋加工业的兴起，国内外对魔芋的需求量大大增加。

国际上对魔芋产品的需要以魔芋精粉为主。根据以往的供需动态可划分为三大市场：①日本市场。日本人有食用魔芋制品的习惯，但由于其国土面积有限，加之受台风的影响，魔芋产量极不稳定，每年需从我国进口魔芋精粉。②韩国及东南亚市场。目前每年需进口大量魔芋精粉。③欧美市场，主要是美国。美国食品医药局1989年通过了魔芋食品的注册，目前已开始进口魔芋精粉和魔芋精粉制品。欧洲人不种魔芋，但对其减肥保健功能很感兴趣，已着手开展魔芋食品的研究和开发。可以预见，欧洲魔芋市场的需求量将会大幅度地增加。从上述三大市场的分析可见，魔芋产品的世界市场前景十分广阔。

魔芋在我国国内市场发展很快。我国魔芋栽培的历史虽久，但在20世纪70年代末以前仅在房前屋后、田边地埂有零散种植，规模小，产量低。食用方法也较单一，大多用于土法制作魔芋豆腐。20世纪80年代后，随着市场经济的发展，魔芋这一传统经济作物受到重视。特别是开发出魔芋精粉后，食品行业争先恐后，相继生产出多种花样的魔芋食品。据估计，国内现有的魔芋食品行业，年需魔芋精粉5 000余吨。今后，随着人民生活水平的提高，食品需求由温饱型向营养型、保健型转化，人们对魔芋制品的需求必将与日俱增。我国现有人口13亿，按每人每年食用1千克精粉计，每年需魔芋精粉就达13万吨之多。

魔芋块茎中的主要有用成分是葡甘聚糖，即膳食纤维DF。高纤维素食品的开发在欧美已进入舆论准备阶段，且有产品问世。有关专家估计，欧美市场今后10年对魔芋精粉的年需求量可能达到10 000吨以上。

前已述及，魔芋除主要在食品开发上有重要价值外，在化工、医药等领域也有广泛用途，尤其是用作生产生物全降解薄膜的原料，将对消除白色污染、保护生态环境有重要意义。用魔芋生产的全降解薄膜通体透明，外观与目前市售普通塑料无显著差别，厚度仅0.008～0.02毫米，它的抗拉强度、韧性、透明度等均可与现今市售同样的普通塑料薄膜相媲美，保温、保湿性优于同等的塑料，而且价格还稍低，可以广泛用作方便调料、豆奶、麦片、糖果及医药包装的可溶可食薄膜，既可免去手撕的麻烦，又可减少白色污染，为我国环保事业攻克白色污染解决一道重大难题。同时，为魔芋产业的开发带来了新天地。

以魔芋为原料研制的种子包衣剂，可以防止病害侵袭种子，有效地促进生产。其他如环保成果化肥缓释剂、土壤保墒剂等，都具有很大的市场潜力。

由西北农林科技大学林业科学院承担、西安医科大学协作完成的国家攻关项目"魔芋葡甘聚糖提取技术及药用研究"，提出了一项得率高、无污染、高纯度的魔芋葡甘聚糖提取工艺技术，填补了国内外同类工艺技术的空白。研究提出的魔芋减肥降脂胶囊处方和生产工艺技术，为纯天然减肥药品的研制开发提供了科学依据和应用技术，具有潜在的经济效益和广阔的市场前景。

我国民间魔芋栽培虽有 1 000 多年的历史，但直到 20 世纪 80 年代才在局部地区开始规模化栽培。充分利用魔芋耐阴喜湿的特点，与果树、瓜藤、高粱、玉米间作，既可为魔芋遮光，又可获粮、果、经、药种植之利。

目前，由于原料的限制，我国魔芋精粉的年产量仅为 10 000 吨左右，很难满足国内外市场的需求。因此，因地制宜、有计划地发展商品魔芋基地，扩大生产，提供更多更好的魔芋产品，对振兴山区经济具有重要意义。

五、魔芋的社会效益及经济效益

魔芋生性强健，适应性广，坡、川、溪旁、林间、房前屋后均可种植。又因其枝叶如伞，花朵奇特美观，是庭园的良好花卉；加之它含有多种生物碱，禽、鼠、畜都不伤害它，因此容易栽培，便于管理，产量高，见效快。目前，全国种植面积约达 26 000 公顷，一般每 667 米^{2}产量 2 000～3 000 千克，高的可达 5 000～10 000 千克，全国年产鲜芋 100 万吨以上。四川省巴中县镇庙乡吴功仁曾种魔芋 1 667 米^2，收鲜芋 20 000 千克，获纯利 10 200 元。他还带动 58 户农民共种魔芋 4 公顷，其中 8 户收入超过万元。辽宁省丹东市试种魔芋每 667 米^{2}产量达 2 700 多千克，收入 1 700～3 000 元。湖北省巴东县辛家乡杨家坪种植魔芋，每 667 米^{2}产鲜芋 5 000 多千克，产值 2 500～3 500 元。上述资料表明，种植魔芋是一项用工少、产量高、收入多的致富新门路。此外，魔芋的叶、秆在倒苗前及时收回，经加碱煮熟后可以喂猪。将加碱煮熟的叶、秆晒干，再经浸泡、漂洗、炒制，则可做成风味独特可口的佳肴。将魔芋去皮切片烘干再粉碎成粉，可加工成素腰花、鱿鱼卷、素虾仁、素鱼片等多种素食，营养丰富，美味可口，而且烹调方法多样，可炒、可炖、可煮、可凉拌，开个魔芋素食加工坊，生意一定红火。

六、魔芋研究和开发利用的重点

（一）魔芋高产优化栽培技术的研究

魔芋属半阴湿性植物，要求温暖、湿润和半荫蔽的生态环境，对光、温、热感应性较强，生长周期长，用种量大，投资高。而不同大小的块茎作种和不同的栽植距离，其块茎增重、增值率差别又较大。因此，生产中对种块大小和栽植距离的优化选择，最佳肥水条件及荫蔽度，对魔芋产量及品质的影响，将成为魔芋栽培研究的热门课题。

魔芋种植必须研究因地制宜的高效生产模式，特别是适宜山区的种植模式、引进避雨栽培技术等，尽量使种植回归到适生环境。

（二）魔芋高新技术产品的研究与开发

魔芋除具有广泛的食用价值外，其药用价值、工业价值以及在其他领域的应用价值还有待深入研究。今后魔芋应用研究的热点，将趋向于高效保健食品的开发、魔芋药品及其在医药上的应用、魔芋与化工技术相结合的高新技术产品的研究与开发等。

（三）魔芋规模开发与产供销市场的建立

随着魔芋保健食品和高新技术产品的开发与应用，魔芋原材料的需求量越来越大。因此，如何有效地组织魔芋规模化生产，并建立产、供、销一条龙服务体系，将成为魔芋生产与开发的重点。

（四）加强魔芋种质资源的开发与利用

我国魔芋资源极为丰富，各级相关部门应注意保护、开发和利用，并按照不同种质资源的性状，做到区域化发展，形成规模，提高产量和质量，迎接国际市场的挑战。

（五）多渠道技术攻关，有效防治病害

随着种植方式、种植环境的改变，魔芋病害特别是以种芋和土壤带菌传播为主的软腐病和白绢病日趋严重，发病率高达 50% 以上甚至绝收，已成为当今生产上的一大障碍。由于魔芋根腐病中的腐霉病原菌能传播病毒，魔芋病毒病近年也危害加重。因此，在利用常规育种与分子育种基础上，应针对魔芋优质、抗病、抗逆主要相关基因进行标志，在获得紧密连锁分子标记基础上，建立高通量分子技术平台，开展大规模分子辅助育种研究，以获得优良基因转育材料，培育聚合多个优良基因的新材料。也可利用组织培养技术，提纯、复壮、精选种芋，筛选出无病毒、高产、优质的种株，建立种芋基地，加速新品种走向市场的步伐，多途径解决软腐病等病害问题。

第二章
魔芋栽培的生物学基础

一、植物学特征

魔芋为被子植物门，单子叶植物纲，天南星目，天南星科，魔芋属的多年生大块茎草本植物（图2-1）。魔芋为单子叶植物，地上部由球茎顶芽发生一个粗壮的叶柄及多次分裂的复叶构成，四龄以上的球茎可能从顶芽抽出花茎及佛焰花，可结果但不抽叶。

（一）根

魔芋的根由不定根组成，种球茎栽后15天，最先发生的是根。根冠向外伸长，形成肉质弦状不定根，即弦线状须根。大部分根着生于块茎上半部，尤以顶芽周围最多。根长10～30厘米，多呈水平方向伸长，入土浅，大都分布在表土下10厘米左右处。肉质根上长有许多根毛，根毛发达，皮薄汁多，质脆易断。根细胞间空气通道小，栽培时土壤要疏松，以保证空气的供给。

图 2-1　魔芋的形态

1.花序　2.全株　3.1龄苗叶　4.雌蕊　5.果实

（二）茎

魔芋的茎缩短为地下肉质球茎，顶芽肥大，不同种其芽色不同，如花魔芋为粉红色、白魔芋为白色。顶芽为叶芽者称叶芽球茎，为花芽者称花芽球茎。两种球茎除芽的形态及栽后生长发育不同外，在球茎形态上没有显著差异，均在顶芽外围有一叶迹圈，即上个生长周期叶柄从离层脱落的痕迹。在此圈内形成稍下凹的窝，称为芽窝，窝内的节非常密集，节上的芽似芽眼。整个球茎上端虽不能见明显的节，但可见节上芽眼在球茎上明显地呈螺旋状排列。球茎上端的芽眼、发出的根状茎和不定根也较多，在底部（少数在侧面）有残留的脐痕，即种球茎脱离的痕迹。不同年龄的球茎均具上述基本结构，但在魔芋多年生长中，球茎外部形态发生了明显变化（图 2-2）。

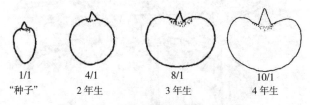

| 1/1 | 4/1 | 8/1 | 10/1 |
| "种子" | 2 年生 | 3 年生 | 4 年生 |

图 2-2　不同年龄的魔芋球茎形态变化

　　魔芋只有 1 个主芽，即顶芽，在球茎顶端中心，包括 1 个腋芽及在密集节上分化的 8～12 片鳞片叶苞包裹着叶芽。叶芽继续分化形成 1 个具粗壮叶柄及 3 裂后又再分裂的复叶。鳞片叶外有一圈叶柄迹，外面无鳞片叶的节上有腋芽，向下是球茎上端密集的节（不显著）及其腋芽。腋芽可分化萌发为球茎的分枝即根状茎，还可从节上分化出根。从球茎中部起，节间距增大，球茎下端没有节及分生能力，不能长出侧枝和根（图 2-3，图 2-4）。

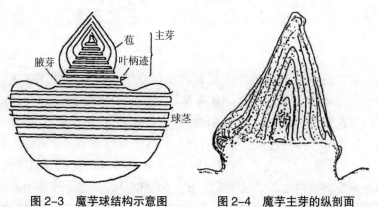

图 2-3　魔芋球结构示意图　　图 2-4　魔芋主芽的纵剖面
（正从生长锥分化复叶）

一般1～3年生球茎顶芽为叶芽，4年生以上块茎顶芽为花芽。叶芽在球茎顶芽萌发时开始分化，经1年完成。叶芽球茎4月份萌发时，顶端分生组织细胞进行平周分裂和垂周分裂，向上产生叶片原基细胞，不断分裂而逐渐向上突起，呈山峰状形成叶柄轴。叶柄轴基部分化出新叶芽（内生芽）的鳞片原基；叶柄轴上部先端形成3个小突起，即裂片原基。此后，叶柄轴基部组织继续分裂形成鳞片，上部裂叶原基继续分裂出叶轴和小裂片，进入生长阶段。当芽长约3厘米时，叶柄轴上端小裂叶清晰可见，叶轴基部的新芽已分化出4个小鳞片。在植株生长期，新芽分化非常缓慢，到倒苗时新产生的6～8个鳞片未见叶片原基突起。此后近5个月内，生长点分生组织处于不活动状态，直到萌发时才开始活动。花芽于8月中旬前后在叶柄基部的茎上开始分化，顶端分生组织突起产生花穗轴。9月中旬前后出现单性花原基，其后分化雌蕊和雄蕊原基。到10月底或11月初，花器官分化基本完成。

　　收获后的叶芽块茎在适宜的温湿度条件下，经10天左右顶芽膜质鳞片开始枯裂，现出粉红色的鳞片，顶芽稍有膨大，约15天后顶芽停止膨大。顶芽的膨大主要是鳞片细胞的膨大，顶端分生组织活动很弱，必须经几个月后，才见明显的细胞分化和顶芽的伸长。

　　成熟的块茎上部为一个有5节以上的短缩茎构造，下部分节不明显。从内部构造看，下部为储藏组织，上部为分生组织和中部的过渡区域。上一代块茎形成时发生的维管组织可保留延伸至下一代块茎。魔芋叶柄（包括鳞片）与块茎紧密相连。当块茎上发生叶片时，位于鳞片下的一些薄壁细胞发生分裂，分化出根冠和原形成层。根尖向外伸出，形成不定根；原形成层分化出维管组织，与种芋组织和生长块茎中的维管组织发生联系；随着多数不定根的发生，横向维管组织几乎连成一圈，圈外是薄壁组织，维管束群发生在圈内。块茎表面的保护组织为叠生木栓，从新旧块茎连接处开始，表面细胞进行多次平周分裂，由下至上形成叠生木栓作为保护组织。

块茎长在土中，呈扁圆形或近球形，有很强的顶端生长优势。1 年生块茎重 0.5～2.5 千克，2～3 年生块茎大的可达 15～20 千克。块茎外皮紫色，内部白色。成熟块茎的上部有短缩茎 10 节以上，节间明显；下部为贮藏组织，分节不明显。块茎顶部中央略凹陷，呈"窝头状"。但年龄不同，块茎形态也有变化。幼龄期多呈长椭圆形，随着年龄的增长逐渐转变成圆形至扁球形，同时芽眼也随着加深。块茎先端有 1～3 个顶芽，因顶端优势极强，只有 1 个芽较粗壮，先端尖，呈粉红色。顶芽周围有轮状叶痕。块茎上有芽眼和根点，中上部的芽眼，特别是 2 年生以上的块茎上的侧芽，常萌发形成根状茎，俗称"芋鞭"或根状茎或走茎。通常二龄内的球茎鞭芋发育极少，随着球茎体积和栽培年数增加，鞭芋发生数量也会增加。芋鞭一般有 4～6 条，白魔芋可达 20 条以上。芋鞭通常集生于球茎的中上部，一般呈竹鞭状、短棒状或小锤棍状，先端略膨大，与球茎相连部分狭长，长 10～20 厘米，有的可达 1 米，能分枝。芋鞭上有节，节上有侧芽。刚形成的芋鞭，当年一般不萌芽；如果发芽、长叶，顶端也可以膨大，形成拳头状块茎。例如，日本花魔芋的芋鞭有时发芽出土，偶尔长出小复叶，顶端形成新球茎似烟斗，称"烟斗芋"。芋鞭上也能长根，是良好的播种材料。

魔芋块茎及地下茎上的顶芽，均有明显的顶端优势。魔芋块茎的上部为分生组织，芽脐周围密生灰黑色或黑褐色肉质根，其组织老化，结构紧密，质地粗硬；中部为过渡区；下部为储藏组织，表皮薄而光滑，结构松弛，色泽灰白，含水量多。正因为块茎不同部位的组织结构不同、质地不一，因此给机械除皮带来困难。

（三）叶

从播种到叶片形成，大约需要 30 天。生长开始后，位于生长点下侧的细胞进行平周分裂和垂周分裂，增加细胞层数，扩大周径，向上突起形成叶原基。叶原基细胞分裂活动主要是向上的分化生长，形成叶柄轴。随后在轴的先端形成 3 个小突起，为叶柄三分叉原基。三分叉原基继续分裂生长成3条轴状结构，其中2大轴再进行分叉。由于鳞片限制，叶轴弯曲发生侧向生长，分化出小裂片。魔芋属中有少数种能在叶部形成珠芽，如中国特有种桂平魔芋在叶中央及一次裂片分叉处形成小球茎，即珠芽。

叶分鳞片叶和复叶两种，都直接着生于块茎上。鳞片叶4～7片、革质，萌芽后从土中伸出，似指状，先端尖，包裹于复叶叶柄或花序柄基部，属不完全叶，出苗后1个月左右自然枯死。复叶属完全叶，很大，叶柄直立，中空，光滑或粗糙，具疣，有暗紫色或白色斑块。通常三全裂，或经1～2次分裂后，形成三叉六支羽状复叶。叶青绿色。叶片基部裂片相互连接，顶部小裂片长椭圆形，先端渐尖，基部下延于叶柄、呈翼状，全缘。裂片主脉较粗大，支脉稀疏。叶片海绵组织厚，栅栏组织薄，细胞间隙大。叶绿体多而大，是典型的阴性植物，喜于空气湿度大、云雾缭绕的山林或荫蔽度大的环境里生长。通常复叶1年只发生1次，而且1株只生1叶；叶无再生力，因此要妥加保护。叶伸出地面后似伞状。在同一植株上，花、叶常不同时存在，即有叶无花。但个别种类，如湖南省永顺县有一种双柄魔芋，在同一块茎上同时可以长出1个叶柄和1个花柄。

（四）花

播种起，花魔芋经4年，白魔芋经3年，顶芽可以分化为花芽。花魔芋的花芽在秋收时已分化完全，其形状比叶芽肥大，能明显分辨花芽球茎及叶芽球茎；而白魔芋直到春季播栽时花芽尚未分化完全，外形难与叶芽区分，开花比花魔芋迟1个多月。

魔芋的花是一枚花序而不是一朵花。又因花序外有大型苞片包围，呈漏斗状，又称佛焰花序。花序由花序柄（花葶）、佛焰苞和花序三部分构成。花单性、虫媒、雌雄同株。花序柄似叶柄，紫红色或墨绿色，具多数白斑，基部有指形鳞片状叶3～7片。佛焰苞基部漏斗形或钟形，上部展开后呈宽卵形或长圆形，暗紫色或绿色，具斑或无斑。基部内面 1/3 范围内密生齿疣或线状凸起，花开时，凋落或宿存。花序直立，长于或短于佛焰苞，它由雌花序、雄花序和附属器三段组成：下部为雌花序，中间为雄花序，最上端为附属器。雌花排列整齐，花柱短，柱头开裂。子房近球形，胚珠倒生。雄花花丝粗短，花粉球状，数量多。附属器剑形，长短不一，多数能伸出佛焰苞。雌花先熟。开花时有奇臭，主要靠甲虫和苍蝇传粉。空气湿润时容易结果。

（五）果实和种子

魔芋果实为浆果，椭圆形，1 株可结 600～800 个果。幼果绿色，成熟后有橘红色及天蓝色两种。管家骥博士考查，谓红色者为野生种，蓝色者为栽培种。每个果实有"种子"1～4 粒，这种种子虽着生于子房壁内，但它不是种子而是块茎。魔芋种子受精后，合子很快发育成胚，极核发育成胚乳。这种胚几乎无休眠期，它能继续分化，但分化不完全，不能形成胚芽和胚根，而是近珠孔端的芽进而发育成块茎原始体。胚乳的养分被块茎吸收利用而消失。块茎进一步发育，形成顶芽及侧芽，外表细胞分化成叠生的木栓层，代替珠被，呈棕色，较坚硬，着生于子房内，如同种子一样，千粒重约 240 克。成熟后采收、晾干，与土混合保存，翌年可作为播种材料。

二、生长发育过程

魔芋播种后先长出鳞叶，然后花序或叶开始生长。叶片基部新形成的块茎的上部产生须根。新苗初期的生长依靠种芋供给营养，至 7 月份前后，当种芋中的营养转输到新苗中后，种芋干缩，脱离子体（图 2-5，图 2-6）。从种子发芽开始大约经过 5 年栽培，植株才开花，也就是说魔芋的有性过程为 5 年左右一个轮回。由于魔芋顶端优势极强，顶芽开花，其侧芽（均为叶芽）均不能发出，所

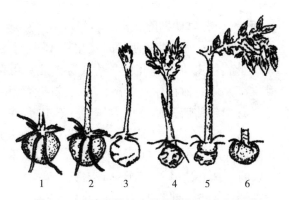

图2-5 白魔芋植株生长的动态 （仿刘佩瑛）

1，2.发芽期 3，4.展叶期 5.换头期 6.新块茎迅速生长期

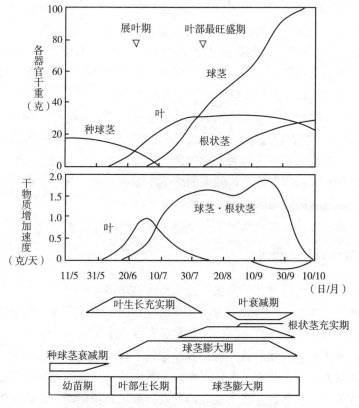

图2-6 魔芋植株生长动态 （仿刘佩瑛）

以"花叶不见面"。但若早期摘除花芽，当年可由侧芽发出叶。孙远明（1955）试验发现，顶端主芽萌发时又在其叶柄基部的茎上开始分化内生芽，此内生芽即为翌年的顶生主芽。此芽可保持为叶芽，并从7月末至翌年春保持休眠状态；若植株已达3年生以上，此芽也可能从8月中旬前后开始分化为花芽，于10月底花器官分化完成，进入休眠，于翌年3～4月份（花魔芋）至5～6月份（白魔芋）解除休眠而开花。在发芽和叶片展开时，生长量的变化主要发生在叶上，这时子体开始形成，但增重缓慢，种芋养分逐渐转移消耗，大约每天减少1克。魔芋生长由依赖母体营养到脱离母体营养的转折点大约发生在7月份。此时，植株叶片叶绿素含量和过氧化氢酶活性都趋向最大值。子体刚脱离母体时，块茎开始膨大，换头之后，块茎急速膨大，块茎增重4克/天，整个膨大期大约只有45天的时间，全部产量的83%在此期形成。魔芋块茎换头之后，另一个急速增长的器官就是根状茎，大约在8月下旬后块茎重量增加减速，叶绿素含量和过氧化氢酶活性降低。

从这时起，新苗开始独立生活，这种现象叫"换头"。换头前，新苗生长量的变化主要在叶上，块茎膨大慢，换头后块茎迅速膨大。用不同大小块茎作种，块茎膨大效率（TBE）不同，较小的块茎具有较大的膨大效率，较大的块茎净增重较大，这是生产上选用种芋必须考虑的问题之一。

魔芋生长发育的过程，可分为以下5个时期。

（一）幼 苗 期

幼苗期包括发芽、发根、展叶及块茎初期生长等过程。日平均温度达15℃以上时开始发芽。顶芽萌发后向上形成叶片，向下分化成原形成层，进行初生生长，形成新块茎，并发生不定根。

魔芋块茎收获后数月内，其顶芽处于相对静止的休眠状态。这种休眠为生理性休眠。在休眠期内，即使给予适宜的温度、湿度等环境条件，块茎顶芽也不能立即萌发，或仅稍微萌动，此后又处于生长停滞状态。休眠期的长短与温度有关，在20℃～25℃条件下，休眠期3个多月；而在10℃左右条件下，则需4～5个月。在魔芋产区，常因自然温度低、休眠期长而影响发芽生长，使产量降低。所以，生产中往往需要破除休眠后催芽播种。

魔芋发叶状况对植株生长及产量等有直接的影响。发芽初期叶片抽出展开速度较慢；中期极快，经10～30天即可完全伸展。魔芋叶片展开分5类：①高"T"形展开类。叶芽膨大伸长极好，小裂片自叶芽的先端逐渐展开，到展叶第二期呈高"T"形。随着小叶柄的张开，叶片呈细漏斗状。②漏斗状展开类。这一类分两种：一种是小叶展开顺利，但小叶柄张开不整齐，叶片不呈高"T"形，而呈漏斗状，展开的叶片较壮；另一种是小叶绽开延迟，展开的叶片较弱，使叶片呈漏斗形。③叶伞状展开类。这一类是小裂片随小叶柄张开而下垂，或小裂片难展开，有的还缺乏叶绿素，植株似萎缩状。④萎缩展开类。整个植株呈萎缩状，叶展开慢，小裂片不展开，无叶绿素。⑤患病展开类。因块茎患病，叶片展开速度极慢，甚至不能完成，随着生育进程，倒伏死亡的多。在上述几种叶片展开类型中，高"T"形展开的为丰产型，漏斗状展开的为平产型，伞状展开的为减产型，萎缩展开的为低产型，患病展开的多数要倒伏、腐烂甚至无任何收成。

魔芋整个幼苗期约需2个月。幼苗期所需时间的长短，主要受种芋质量、种芋大小和环境条件的影响。种芋越小，出芽到展叶所需天数越少，幼苗期越短。用小种芋栽培，新芋增大系数大，但总产量低。魔芋播种后，至8～9月份，植株鲜重可达到最大值。10月份后，叶色逐渐转黄，叶柄萎缩，开始倒伏。生产中，要采取措施缩短幼苗期，使其尽快换头，延长旺盛生长期，这对提高产量很重要。

（二）换头期

新块茎形成后，继续利用种芋中的营养，使子体的根、茎、叶生长，待种芋营养耗尽而干缩后脱离子体，完成换头。新旧块茎的更替，从发芽时起已经开始，期间种芋块茎中的养分逐渐减少，新芋块茎不断扩大，到换头时新块茎的重量大致与种芋接近，前后需90～120天。换头是新旧更替过程的最终结果，换头期一般在7月份，换头后植株进入独立的旺盛生长期。

（三）块茎膨大期

换头后，新芋块茎迅速膨大，每天增重可达4克，连续增重时间可达45天，80%以上的产量在这一时段形成。因此，块茎膨大期是魔芋形成产量的主要时期。换头后，另一个急速增长的器官是根状茎。大约在8月下旬后，块茎的重量增加减慢，叶绿素含量和过氧化氢酶活性都降低。由于块茎膨大期植株生长旺盛，光合作用强，所以需要充足的营养和水分。生产中最好在6月份，于换头前追施1次速效性肥料。换头后正处于夏季高温期，要注意防止干旱和雨涝，以保证植株光合作用的正常进行。

（四）块茎成熟期

9月底至10月底，气温下降至15℃时，植株地上部分生长趋于停滞，叶片逐渐枯萎直至倒伏，块茎趋于成熟，可以开始挖收。但此期收获，因块茎中含水量高，物质合成与积累不充分，容易腐烂，不耐贮藏。为此，冬季气温过低的地区，可以延迟至霜降时收获；如果冬季不甚严寒，种株也可不收，让其露地越冬，翌年就地重新发芽生长。

（五）块茎休眠期

块茎收获后开始进入休眠期。花魔芋球茎休眠为芽休眠，属于生理休眠型。叶芽球茎和花芽球茎的顶芽分化及休眠特性差异很大，叶芽球茎在顶芽萌发时（4月份前后），基部的茎上开始分化新的顶芽（内生芽），约经1年分化完成；新顶芽6月中下旬至7月中旬进入休眠，至翌年4月前后结束休眠。花芽球茎于8月份在叶柄基部茎上开始分化花芽，10月下旬至11月上旬收获时，分化基本完成。休眠发生于花芽分化初，翌年2～3月份结束。贮藏温度显著影响球茎休眠，在5℃～20℃条件下，休眠期随着贮藏温度的提高而缩短。在20℃条件下，叶芽球茎休眠期（从收获时开始算起）为99～107天，花芽球茎休眠期为44天左右。低温（5℃）可延长休眠期，抑制萌发。球茎休眠结束后，叶芽萌发的最低温度为14℃，花芽为9℃。叶芽伸长生长的最低温度略低于最低萌发温度。魔芋休眠期间，块茎内部进行一系列的生理生化变化，其变化的快慢与温度密切相关。将块茎一直放在5℃～10℃的低温条件下，休眠期可达4个月以上。

用种子播种的魔芋，一般要经过4～5年才能开花。用块茎播种的，能否开花决定于块茎的年龄和营养条件。用根状茎及100克以下的块茎播种后，不开花；用较大的块茎播种后，其开花率有随营养面积的扩大而增加的趋势（表2-1）。

表2-1　魔芋花芽发生情况

种芋大小（克）	栽植距离（厘米）	发生花芽（%）
根状茎	20×17	0
	33×33	0
	50×33	0
	66×50	0
100	20×17	0
	33×33	0
	50×33	0
	66×50	0
250	20×17	7
	33×33	24
	50×33	37
	66×50	40
500	20×17	48
	33×33	59
	50×33	59
	66×50	62

引自刘佩瑛《魔芋栽培及加工》。

魔芋的营养株通常只长叶，不开花；开花株，只抽花序而不长叶，故有"花叶不见面"之说。由于开花植株不长叶，缺乏营养生长的功能，除需要留作采"种"外，可以尽早除去。笔者1986年在西北农业大学观察发现，植株开花后，该株仍可重新抽生叶片，当年形成与种芋大小接近的新块茎。

魔芋植株不能结实，一般认为是因花粉粒多次有丝分裂而引起花粉败育以及雌蕊严重先熟或盛花期空气相对湿度小于75%所致。

（六）花魔芋球茎休眠与脱落酸、赤霉素含量的关系

试验结果表明，花魔芋球茎中脱落酸（ABA）和赤霉素（GA）含量变化规律呈相反性。球茎收获后，顶芽、周皮和薄壁组织中的脱落酸含量增加，而赤霉素含量下降。之后，脱落酸含量达到最高，而赤霉素降至最低，并保持一段时间后再行上升。高温贮藏中，脱落酸和赤霉素含量变化均较快。用脱落酸5毫克/升以上浓度处理，对已解除休眠球茎的顶芽萌发及生长均有明显的抑制作用。用赤霉素0.2毫克/升以上浓度处理，对休眠球茎顶芽的萌发及生长有不同程度的促进作用。因此，花魔芋球茎休眠与脱落酸、赤霉素含量关系密切。

想延长魔芋球茎休眠，应低温贮藏。在5℃～20℃范围内，温度越低，休眠期越长，如长期在5℃条件下贮藏，1年后置适宜条件下仍可迅速萌发生长。化学处理，如脱落酸（ABA）是休眠球茎中的发芽抑制物质，可用其处理延长休眠；低浓度的乙烯利对球茎顶芽萌发生长没有明显作用，但较高浓度（≥1毫克/升）的抑制作用很明显，如用10毫克/升乙烯利处理球茎，2个月内顶芽几乎没有伸长，第三个月才开始伸长生长。硫氰酸钾不但对顶芽萌发有抑制，而且对不定根的产生也有抑制作用（表2-2）。

表 2-2 硫氰酸钾处理对魔芋球茎萌发生根的影响

浓度（%）	处理 30 天		处理 60 天	
	芽长（厘米）	根 数	芽长（厘米）	根 数
0	1.06	1.3	2.62	13.8
0.1	未萌动	0	2.34	12
1	未萌动	0	2.3	8.9
2	未萌动	0	2.15	7.7

注：2 月 21 日浸泡处理 1 小时，处理后置于 20℃的催芽室。

三、对环境条件的要求

魔芋原产于东半球热带雨林和亚热带季风林地区，为茂密森林中的下层草本系统发育而成，所以喜温、喜湿、耐阴，适宜在富含腐殖质且疏松肥沃的土壤中生长，忌高温、强光和多变的环境。

（一）温度与魔芋生长

魔芋喜温、畏寒，但忌高温。在年平均温度 14℃～20℃、无霜期 240 天以上的地区都能种植。温度低于 0℃时，肉质根及块茎呈休眠状态。发根最低温度为 10℃，最适温度为 23℃～27℃，18℃～20℃时生长旺盛。10 厘米地温达 22℃～30℃时，块茎的形成和肥大最快。球茎不耐低温，0℃以下会引起细胞内水分结冰，使整个球茎失去生活力。因此，在高海拔和高纬度地区种植时，要考虑冻土层的厚度。冻土层深的地区，魔芋不能留地越冬，必须将球茎埋于冻土层下或采用其他防寒方式保存。球茎贮藏的适温为 10℃，0℃以下细胞结构破坏，丧失发芽力。茎叶生长的最适宜温度为 20℃～32℃，生长温度为 5℃～43℃。温度低于 15℃或超过 35℃，都不适宜魔芋生长。30℃～35℃为适宜生长的日高温，20℃～30℃为最适宜生长的日高温。温度低于 10℃时，块茎进入休眠期。块茎长期在 0℃低温条件下会受冻。留在地里越冬的块茎，

在气温 –5℃、地温 –2℃时，顶芽不致受冻。

魔芋生长适宜的年平均温度为 12℃～15℃。5～10 月份生长盛期，平均温度应达 14℃以上；7～8 月份天气炎热期间，平均温度不宜超过 31℃。一年中适宜生长期最少应达 5 个月。

还应注意，不同种类的魔芋对温度的要求不同：疣柄魔芋、白魔芋和甜魔芋较耐高温及较强的日照，而疏毛魔芋则需温凉潮湿的环境。钟苞魔芋的最适地温为 24℃～30℃，而一般魔芋根系发育的最适地温为 23℃～27℃。白魔芋适宜在海拔 800 米以下的矮山区种植，发芽至倒苗需要的 ≥10℃活动积温为 4 863.1℃，≥10℃有效积温为 1 658.1℃；花魔芋适宜在海拔 800～2 500 米的山地生长，需≥10℃活动积温为 4 279.8℃，≥10℃有效积温为 1 089.3℃。

（二）魔芋的光合性能

魔芋为半阴性植物，喜散射光及弱光照射。强日光长期照射不利于魔芋生长且发病率高。魔芋间作玉米遮阴试验，当魔芋行荫蔽度为 60% 时，病株率为 7.6%；荫蔽度为 55% 时，病株率为 7.8%；荫蔽度为 50% 时，病株率为 11.4%；荫蔽度为 40% 时，病株率为 13.3%；魔芋单作病株率达 25.7%，表明秦巴山区魔芋间作玉米的适宜荫蔽度为 55%～60%。魔芋在生育过程中光饱和点并非一个固定值。例如，花魔芋的光饱和点为 17 000～22 000 勒，8 月份当其生长最旺盛时，对光照强度的适应范围最大，其光饱和点可达 22 000勒。魔芋的光补偿点为 2 000 勒，其值较稳定。一般产地，夏季光照强度都超过魔芋的光饱和点。长期强光中，叶面温度达 40℃以上时，容易引起叶片萎蔫、焦边及病害。魔芋的净光合强度（毫克 /分米^2·时）随种而异，花魔芋为 12.92，白魔芋为 6.45。魔芋地上部发育的最适光照强度为当地日照量的 1/3，根部发育为日照量的1/2。光照强度影响魔芋的生长及抗病性，光照强度从 2 254 勒增加至 16 000 勒，其株高、叶片生长、叶绿素含量随之降低，而病毁率增高（表 2–3）。

表2-3 遮阴对魔芋植株生长的影响 （刘佩瑛等）

遮阴纱层数	光强（勒）	株高（厘米）	叶分枝长（厘米）	叶展宽（厘米）	叶绿素（毫克/千克鲜重）	病毁率（%）	每株平均产量（克）
3	2254	38	40	75	2.02	12.5	74.38
2	4000	33	35	62	2.4	18.75	106.84
1	11674	30	31	50	1.62	25	79.69
对照	16000	16	26	34	1.3	87.5	25.5

因此，为避免生长期高温干旱季节的危害，生产中除注意选用房前屋后、果园及林间空隙地种植外，在生长期间可以遮阴，也可与玉米等高秆作物或果树等进行间作，既可减弱光照，创造潮湿阴凉的环境，又可防止暴雨和大风对植株的损伤。

（三）水分生理

魔芋喜欢较湿润的环境。短期（5天内）干旱或淹水处理，地上部不至于出现受害症状。发芽期干旱2～3个月，仍具生长能力。淹水时间长达20天左右时，叶片逐渐变黄，发生倒苗。

魔芋块茎中含有大量水分，依靠种芋中蓄存的水分和养分即可出苗。所以，生长初期有一定的抗旱能力，生长中期以后则需要较湿润的土壤。水分主要影响根系生长，土壤相对含水量在最大田间持水量、淹水和25%以下时，根重及根系活力明显下降，干旱条件下根和根毛几乎全部死亡。生长初期，土壤相对含水量为75%左右时，最有利于魔芋的生长。这时，每株根重为9.35克，伤流量为1.1322克。而当土壤相对含水量为25%时，每株根重仅5.13克，伤流量仅0.1138克。展叶后干旱，引起叶柄干缩，叶色变黄，但叶片不下垂。这时，当土壤相对含水量为25%时，每株根重9.34克，伤流量0.217克；土壤相对含水量为75%时，每株根重为13.62克，伤流量为1.3139克。由此可见，土壤相对含水量不可低于25%。生长前期和块茎膨大期，土壤相对含水量以75%左右最为适宜。生长后期，土壤相对含水量可以逐渐降低至60%，空气相对湿度降至75%左右。

干旱对魔芋产量影响很大，块茎膨大前期缺水、后期水分又充足时，块茎表皮破裂，引起发病，产量降低。魔芋开花结实时，空气相对湿度应达75%以上。在海拔400米以下的浅丘地区，魔芋开花而不结实，主要是因湿度不足所致。年降水量在1200～1800毫米时，钟苞魔芋生长良好；年降水量在800毫米时，结合灌溉可以达到同样效果。宁夏南部年降水量为500毫米，仍有花魔芋分布，但产量低、质量差。魔芋出苗后，月降水量以150～200毫米为最适宜；月降水量低于100毫米的西北半干旱地区，则无魔芋分布。7～8月份降水量达590毫米的高山地区，有大量野生魔芋生长。

（四）土壤及营养

魔芋对土壤条件的要求不严格，以肥沃、疏松、爽水、富含有机质的沙壤土最为适宜，适宜的pH值为6.5～7.5，强酸性（pH值<4）和强碱性（pH值>8）的土壤不适宜种植。

魔芋叶柄中空、软，易折断倒伏，因而忌风。特别是遇干热风时，容易引起叶片干尖，植株枯萎。

魔芋喜肥，生长期中对肥料要素的吸收以氮最多，钾次之，磷最少，钙的吸收量仅次于钾。氮主要促进地上部分生长，对叶部生长特别重要，其吸收量与叶面积呈正相关。因此，在不引起徒长的条件下，提高其对氮的吸收量是必要的。但也不可过多，特别是生长后期要适当控制，防止引起徒长，影响块茎膨大。钾对碳水化合物特别是葡甘聚糖的合成和积累及植株健壮生长、增强抗病能力、提高块茎质量、增加耐贮性有重要作用。魔芋对钾的吸收与氮相似，栽植后80多天吸收量达到高峰，但在生长后期吸收量仍然较高。磷主要是参与代谢过程，充足的磷可促进植株正常发育，提高块茎质量，但其对磷的吸收量少。钙对魔芋生长点的活动、根尖生长及养分吸收都很重要（图2-7）。镁是构成叶绿素的重要元素，也是多种酶的组成成分，镁缺乏首先影响叶绿素的合成，造成叶片黄化。其过程先是叶周边褪绿黄化，进而扩大到内部使叶脉间变

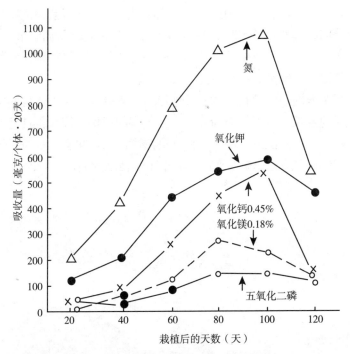

图 2-7　魔芋对肥料要素的吸收动态（引自渡部弘三有关资料）

注：供试材料为 2 年生球茎，单个重 30 克。

黄，严重时叶片全部变黄，植株弱小、倒伏。缺锌植株叶片小、缺绿，小叶细长，展叶不正常，叶脉间黄化，叶及根的生长受阻，提早倒伏，产量降低。铜元素是铜氧化酶的辅助因子，铜缺乏会使呼吸作用减弱，光合能力下降，叶绿素和蛋白质含量降低，叶片衰老加快，植株生长缓慢、倒伏。

（五）植被及其他

魔芋的地上部由叶片和叶柄组成，叶柄为唯一的支持结构，但易折断、倒伏。台风和大风等常给魔芋生产造成巨大损失，微风有利改善植株间的生态条件，促进生长和物质积累。

良好的植被具有荫蔽作用，可产生潮湿凉爽的环境。植被被破坏容易造成环境和土壤的恶变，使魔芋种群减少甚至消失。通过与玉米等高秆作物间作套种，可获得良好的荫蔽度，从而降低病害，增加产量。在未封林的乔木林和果园等地栽种时，要特别注意林地的稀疏程度，确保魔芋有必要的阳光照射。

魔芋地周边的植被、树木、地形和地貌等环境条件，也间接影响魔芋的生长。靠近树林和周边植被茂盛的田块，能获得良好的自然荫蔽环境、潮湿凉爽的小气候和高浓度的二氧化碳。高海拔地区的气温较低，应适当减少荫蔽，只要不是西晒的向阳山坡即可。

第三章
魔芋资源分布与主栽品种

一、魔芋资源及其分布

全世界魔芋属的植物有 163 种，我国有 30 种，其中 9 种为我国的特有种（表 3-1），可供食用的有 11 种，已广泛栽培的有 6 种，即花魔芋、白魔芋、滇魔芋、东川魔芋、疏毛魔芋和疣柄魔芋。花魔芋在我国分布最广，白魔芋主要分布在金沙江流域，滇魔芋及东川魔芋分布于云南，疏毛魔芋分布于江苏、浙江及福建大部分地区，疣柄魔芋分布于广东、广西。据国外报道，魔芋不同种的染色体数为：$2n=2x=26$，或 $2n=3x=39$，或 $2n=2x=28$ 等。我国学者对我国的 11 种魔芋的染色体进行了研究，认为除疣柄魔芋为 $2n=2x=28$ 以外，其余 10 种均为 $2n=2x=26$。

表 3-1　我国魔芋资源及其分布

种	学 名	分 布
花魔芋	A. rivieri	川、黔、滇、桂、粤、台、闽、浙、赣、苏、皖、湘、鄂、甘、陕、宁
白魔芋	A. albus	川、滇、湘
疏毛魔芋	A. sinensis	赣、湘、鄂、苏、沪、浙、闽
东川魔芋	A. mairei	滇
白毛魔芋	A. niinurai	台

续表 3-1

种	学　名	分　布
南蛇棒	A. dunnii	粤、湘、桂、川、滇
野魔芋	A. variabilis	闽、赣、粤
滇魔芋	A. yunnanensis	滇、黔、桂
疣柄魔芋	A. virosus	桂、粤
蛇枪头	A. mellii	桂、黔
台湾魔芋	A. henryi	台
灰斑魔芋	A. microappendiculatus	粤
大魔芋	A. gigantiflorus	台
天心壶	A. bankokensis	滇
湄公魔芋	A. mekongensis	滇
梗序魔芋	A. stipitatus	粤
硬毛魔芋	A. hirtus	台
香港魔芋	A. oncophylus	粤
珠芽魔芋	A. bulbifer	滇
桂平魔芋	A. guripingersis	桂
勐海魔芋	A. bannaensis	滇
攸落魔芋	A. yuloensis	滇
西盟魔芋	A. ximengensis	滇
甜魔芋	A. sp	滇
屏边魔芋	A. pingbianensis	滇
矮魔芋	A. nanus	滇
节节魔芋	A. pingbianensis	滇
钟苞魔芋	A. campanulatus	滇
蓝斑魔芋	A. indigoticomaculatus	滇
田阳魔芋	A. tianyangense P. Y. Liuet S. L. Zhang	桂

二、魔芋主栽品种

（一）花 魔 芋

花魔芋又叫蒻头、鬼芋、花梗莲、花伞把、花秆莲、麻芋子、花秆南星、天南星、花麻蛇等。分布在海拔 800～2 500 米或更高的地区。分布范围广泛，从我国陕西、宁夏到江南各地，以及喜马拉雅山山地至泰国、越南都有分布，并传至日本，为日本和中国最重要的栽培种。花魔芋叶柄长 10～150 厘米、横径 0.3～7 厘米，黄绿色或浅红色，光滑，有绿褐色及白色相间的斑块。叶柄基部有膜质鳞片 4～7 枚，披针形，粉红色。叶绿色、三裂，小裂片数随植株年龄的增加而增多，小裂片互生，大小不等，长圆形至椭圆形。花序柄长 40～70 厘米、粗 1.5～4 厘米。佛焰苞漏斗形，管部长 6～13 厘米，延部长 15～30 厘米，渐尖。佛焰苞外表苍绿色，含暗绿色斑块，里面深紫红色。花序比佛焰苞约长 1 倍。雌花序圆柱形，附属器剑形，紫红色。花期为 4～6 月份。浆果椭圆形，初为绿色，成熟后橘红色。块茎扁球形，直径 0.7～25 厘米或以上、高 5～13 厘米，顶部中央下凹，下陷处暗红褐色。主芽高 3～5 厘米、粗 2～5 厘米，红褐色，凹沿周围密生纤维状须根，凹沿至球茎中部散生数条形状不规则的根状茎，表皮暗褐色、肉白色，有时微红色。花魔芋商品块茎一般重 0.5～2.5 千克，为食用、药用及工业兼用种，可主治外科病。该品种植株各部均有毒，产量高，精粉黏度高，但怕热、易感病，植株各部均有毒，种植风险大，且不宜在低海拔区域推广。

（二）白 魔 芋

白魔芋分布在海拔 800 米以下地区，主产区为云南省昭通地区及四川省的大、小凉山，贵州省的金沙、威宁也有分布。适宜低海拔地区种植。叶柄长 10～40 厘米、横径 0.3～2 厘米，淡绿色、绿色或红色，光滑，有白色或草绿色小斑块。叶柄基部膜质鳞片 4～7 枚，披针形。佛焰苞船形，淡绿色，无斑块。花序与佛焰苞同等大小。雌花序淡绿色，附属器圆锥形、黄色。肉穗花序等于或短于佛焰苞，佛焰苞外面不具白色斑点，雌、雄花之间有一段不育雄花序。为中国特有种，具最佳加工质量，其葡甘聚糖的含量达60%（干基）。块茎较小，一般重 0.5 千克，产量比花魔芋低，但肉质洁白，含水量少，商品价值高，很有发展前途。

（三）疣柄魔芋

疣柄魔芋又叫南星头、南芋。叶柄长 50～80 厘米，深绿色，具疣凸，较粗糙，有苍白色斑块。叶全裂。花序柄及花序粗而短，长 3～5 厘米，粗 2～3 厘米。佛焰苞绿色，具紫色条纹和绿白色斑块。花序短于佛焰苞，有臭味。附属器青紫色，顶部钝圆，基部长粗近等。柱头二裂，被短腺毛。花期为 4～5 月份。浆果椭圆形，长 2.5～3 厘米，10～11 月份成熟，橘红色。块茎扁球形，直径可达 20 厘米，高 10 厘米，富含淀粉，可加工制成食品和工业用的黏胶剂。疣柄魔芋主产于广东、广西及云南南部海拔 750 米以下的热带地区，多见于灌丛中。越南、老挝、泰国也有分布。

（四）疏毛魔芋

疏毛魔芋又叫土半夏、鬼蜡烛、蛇头草。叶柄长 150 厘米，绿色，光滑，具白色斑块；基部鳞片 2 枚，上有青紫色或淡红色斑块。叶片三裂，小裂片长 6～10 厘米。花序柄长 25～45 厘米，花序长 10～22 厘米。佛焰苞淡绿色，外具白色斑块。花序略长于佛焰苞；附属器长圆锥形，深紫色，上生长约 1 厘米长的紫色硬毛；花柱不明显。花期 5 月份。浆果红色转蓝色，9 月份成熟。块茎扁球形，直径 5～20 厘米，为药、食及工业兼用种。该种为我国特有，主产于江苏、浙江、上海、福建等海拔 800 米以下的地区。

（五）南 蛇 棒

叶柄直立，长50～70厘米，表面具暗绿色小块斑点。花序柄长23～60厘米，佛焰苞绿色，肉穗花序长度为佛焰苞长度的3/4；附属器黄绿色，纺锤形，长4.5～14厘米，子房倒卵形。花期3～4月份。浆果球形，蓝色，7～8月份成熟。块茎扁球形，直径4.5～13厘米，顶部扁平不下凹，密生不定根，以药用为主。主产于湖南、广西、广东及沿海岛屿和云南南部，多生于海拔270～800米的阴湿地带或林下。

（六）蛇 枪 头

叶柄直立，长25～60厘米，苍白色，光滑，具不规则的灰褐色斑块。花序柄长30～60厘米，肉穗花序与佛焰苞近等长；花柱长于子房。花期4～5月份。浆果蓝色，9月份成熟。地下块茎球形，直径4.5厘米左右，属药用种。

该品种为我国特有，主产于广东、广西海拔1 000米以下地带及林下。

（七）天 心 壶

叶柄直立，长20～25厘米，表面光滑，玫瑰红色，具绿紫色斑块。花序柄长4～8厘米，佛焰苞倒阔钟形，肉穗花序略短于佛焰苞；附属器近球形，顶扁，上有疣凸。花期4月份。块茎球形，顶部扁平下凹，直径6厘米，以药用为主。

主产于我国云南和泰国，多生于河岸草丛中，其花很有观赏价值。

（八）珠芽魔芋

叶柄直立，长100厘米，粗1.5～3厘米，表面光滑，浅黄色，具不规则的苍白色斑纹；叶柄顶部有珠芽1枚，球形，暗紫色。花序柄长 25～30 厘米，佛焰苞倒钟状，内红外绿；肉穗花序略长于佛焰苞；子房扁球形，柱头无柄，呈宽盘状，雄蕊倒卵圆形。花期 5 月份。块茎球形，直径 5～8 厘米，密生根状茎及纤维状分枝须根。主供药用。葡甘聚糖含量、精粉黏度各项指标均优，在基地试种，还具有抗病耐热的突出优势，可将适宜种植区扩大到更低海拔区域。

分布于锡金、孟加拉国、印度、缅甸等国，我国云南西双版纳、思茅市江城等地也有分布。分布的海拔高度可达 1 500 米，但大多生于海拔 300～800 米的沟谷雨林中。

（九）滇 魔 芋

叶柄直立，长 100 厘米。绿色，表面具绿白色斑块。花序柄长 25～40 厘米，肉穗花序柄长度为佛焰苞长度的 1/3～1/2，佛焰苞具绿白色斑点；附属器乳白色，长 3.8～5 厘米，子房球形，柱头点状。花期 4～5 月份。块茎球形，直径 4～7 厘米，顶部下凹，有肉质须根，主供药用。

产于我国广西、贵州、云南及泰国北部等地。

（十）甜 魔 芋

甜魔芋为我国特有，产于云南西双版纳、临沧、德宏等地。块茎几乎不含葡甘聚糖，且不含多甲基氨类物质，不加石灰水或碱即可直接煮食，味如芋头，稍甜，但不能用来加工精粉和做魔芋豆腐。

（十一）桂平魔芋

花序和叶同时存在。该种的老叶柄末端及一次裂片末端常膨大形成小球茎，其小球茎栽植后均能长出具 1 枚三裂叶的植株。

（十二）万源花魔芋

20 世纪 80 年代后期从各地花魔芋品种中优选出的品种，

1993 年通过四川省农作物品种审定委员会审定，为大巴山区的主导品种。

万源花魔芋生长势强，叶绿色，三全裂，裂片羽状分裂或二次羽状分裂，或二歧分裂后再羽化分裂，最后的小裂片呈长圆形而锐尖。叶柄具粉底黑斑。3 年生植株高 86.5 厘米，叶柄长 46.7 厘米，叶柄直径 2.7 厘米，开张度 70.9 厘米。球茎近圆形，表皮黄褐色，有黑褐色小斑点，球茎内部组织白色。从出苗至成熟倒苗约需 135 天，偏晚熟。平均产量 29 659.5 千克 / 公顷，比对照屏山花魔芋增产 15.21%。鲜魔芋含干物质 20.5%～21.3%，干物质中含葡甘聚糖 58.7%～59.2%，品质好。抗病性优于对照，软腐病和白绢病的发病率均低于对照品种。

万源花魔芋适宜在四川盆地周围山区海拔 500～1 300 米的区域种植。4 月中旬至 5 月上旬选晴天播种。播前严格挑除带病伤种芋，各种操作及运种环节均需轻拿轻放，严禁碰伤种芋。下种前重施基肥，包括各种腐熟农家肥 75 000 千克 / 公顷、长效复合肥 750 千克 / 公顷。播种时种子、肥隔离。50～100 克重的种芋密度为 45 000 株 / 公顷，100～250 克重的种芋密度为 30 000 株 / 公顷，250～500 克重的种芋密度为 15 000 株 / 公顷。高畦排水，魔芋出土后及时除草、追施提苗肥和培土、厢面盖草，并将 1 000 万单位农用链霉素对水 150 升灌窝，或兑水 20 升喷施魔芋叶面，以预防软腐病。田间适当种植玉米遮阴。10 月底选晴天采挖，商品芋及时销售。需注意保护种芋，避免挖收时碰伤。精选种芋，做好通风透气预处理和后期越冬保温贮藏工作。

（十三）云南红魔芋

云南红魔芋是 2003 年从珠芽魔芋（Amorphophallus bulbifer）中选育出的新品种，由云南德宏梁河魔芋制品公司和中国科学院昆明植物研究所共同选育。多年生草本植物。块茎扁球形，顶部中央凹陷，具一肉红色的顶芽；块茎表面红褐色，横切面粉红色；根肉质或纤维质，粉红色。由于其块茎表面、横切面、顶芽和根均带红色，故俗称"红魔芋"。植株高 1.4～2.2 米，叶柄光滑，下部墨绿色、具少数不规则苍白色斑块或墨绿色条纹，上部黄绿色。幼叶边缘紫红色，成年植株叶片三裂后作二歧分裂，小裂片互生、大小不等，先端渐狭具尾尖，主脉粗大具脉沟，侧脉在边缘联合后形成集合脉。叶柄顶部和二叉分裂处具珠芽。花期 4～6 月份。佛焰苞花序高 30～60 厘米。佛焰苞直立、漏斗状，外面淡红色、具墨绿色斑点，内面粉红色、基部鲜艳且分布有红色疣突。肉穗花序短于佛焰苞，雌花序粉红色，雄花序淡红色，附属器卵圆形、黄白色；雌蕊子房粉红色、扁球形，柱头有柄。雄蕊顶端截平、粉红色，其余为黄白色。

该种生育期 207～215 天，在相同自然条件下比花魔芋早熟 20～30 天。每 667 米² 平均产鲜芋 2 151.7 千克（最高达到 2 751.9 千克），比花魔芋增产 225.7%，比白魔芋增产 171.4%。抗病（软腐病、白绢病）试验表明，云南红魔芋的抗病性远高于作为对照的西盟魔芋（Amorphophallus krausei）、白魔芋和花魔芋，其染病率分别为 15%、30% 和 57%，而云南红魔芋的染病率仅为 5.5%。以云南红魔芋块茎加工成的魔芋精粉，品质优良，达到国家质量体系中的一级标准。

云南红魔芋喜阴，宜与果树或其他高秆作物间作。在果园、高秆作物（如玉米、高粱）旱地，选择阴湿而不积水、土层深厚、土质疏松、通气性良好、富含有机质的沙壤土，pH 值 6～7，翻耕深度 20～30 厘米，在果园或高秆作物株行间开沟、做垄。

云南红魔芋适宜施用腐熟有机肥。基肥应深施，深度以播种后不与种芋接触为宜。每 667 米² 基肥用量为 2 500～3 000 千克，占总施肥量的 80% 左右。可采用混施与穴施两种方式，前者与土壤充分混合，后者直接施于种芋穴内。

宜选用 50～150 克重的块茎作种芋，对较大的块茎可采用切块的方法扩大繁殖系数。种芋的大小决定播种的密度，种芋或切块较小时应稍加密植。每 667 米^{2}需用种芋 200～350 千克。种芋消毒可用甲醛、硫酸铜、高锰酸钾溶液或清石灰水浸泡，时间以 5～20 分钟为宜。

2 月下旬至 3 月中旬定植。播种前最好对种芋进行催芽，新根即将萌发时，是播种的最佳时期。为了避免雨水在种芋顶芽凹陷处积留而导致烂种，播种时应将幼芽倾斜向上，但不能将芽倒置。播种深度为 5～8 厘米，株行距为 20 厘米×40 厘米。

播种后应对地表进行覆盖，覆盖材料可选用麦秸、稻草、野干草等。在大田种植时，如果未与果树或高秆作物间作，则需要采用人工方法遮阴，搭建棚的高度以 2 米为宜。云南红魔芋发病率低，但一旦发现病情，应及时采取措施，趁早消灭病株。除草宜用人工拔除。在 6 月份和 8 月份各施 1 次追肥。浇水在播种后进行，平时注意防涝和水淹。

一般在 10～11 月份采收。采收前清除覆盖物，用二齿钉耙对准叶柄留下的印记逐窝挖收，尽量减少损伤。

（十四）清江花魔芋

清江花魔芋是从武陵山区 14 份魔芋地方品种中筛选出的优良品种。2003 年 12 月通过湖北省恩施土家族苗族自治州农作物品种审定小组审定。清江花魔芋具有出苗早、整齐、出苗率高的特点，田间长势壮，植株呈"Y"形，农艺抗病性状优。该品种适应性强，产量高，品质好，较抗软腐病。

（十五）田阳魔芋

该种似勐海魔芋，但附属器表面呈脑髓状皱实；而勐海魔芋仅具沟缝，且雄花序较大，不分裂。佛焰苞宽大，肉穗花序短小，果实常为蓝色，果实成熟后为橘红色。球茎内部黄色，是中国栽培种中"黄魔芋"群的重要种，其葡甘聚糖含量近 50%（干基）。

（十六）西盟魔芋

西盟魔芋似白魔芋，但植株比白魔芋高大。该种分布于云南、泰国及缅甸北部，出现在原始常绿或落叶林的荫蔽或开阔处，常与竹混生在花岗岩成土或近溪流处，从低地到 1 500 米处均有。该种的橘黄色球茎含葡甘聚糖 48.87%、品质良好，正从野生转化为栽培种，为黄魔芋类型中的重要一员。

（十七）攸乐魔芋

攸乐魔芋为中国特有种，似珠芽魔芋，但以"叶下附生珠芽"为区别，具明显花柱，柱头直径远小于子房直径，子房 2 室，苍绿色（非红色），一般属小型植株。从浆果为蓝色和佛焰苞内凹，似乎可认为它与 A. yunnanensis 属同一种群。该种含葡甘聚糖 33.65%、淀粉 38.75%，球茎内部黄色，属黄魔芋类型中可供利用的资源。

（十八）秦魔 1 号

秦魔 1 号是李川等人 2002 年在陕西岚皋花魔芋农家种群体中发现的自然变异单株，经多年株选育成，较当地农家种增产 29.04%。2014 年通过陕西省非主要农作物品种鉴定，定名为"秦魔 1 号"。

秦魔 1 号 2 年生植株平均株高 65.5 厘米，叶柄高 39.4 厘米，叶柄直径 2 厘米，小叶长度 41.4 厘米，小叶柄与叶柄夹角 151.2°，株形紧凑。球茎近圆形，表皮土褐色，球茎内部组织为乳白色。3 年生球茎侧生 3～6 条根状茎，长度 10～20 厘米，头部略收缩。鲜魔芋含干物质 21.21%，干物质中含葡甘聚糖 57.77%，品质好。

整个生育期约 160 天。抗病性鉴定田间调查结果为中抗软腐病和白绢病。适宜在秦巴山区海拔 700～1 200 米地区种植。4 月份选晴天播种，播种前重施基肥，每公顷施腐熟农家肥 45～75 吨、专用复混肥 750～1 050 千克，播种时种子与肥料隔离。可采用魔芋与玉米、林果间作模式，150厘米带型双行魔芋间作双行玉米，或双行魔芋间作单行玉米。按照种芋大小确定播种密度，行距为球茎直径的6～7倍，株距为4～5倍。魔芋出土后及时除草、追施提苗肥、培土和畦面盖草，并用20%噻菌酮可湿性粉剂800～1000倍液喷施，也可用1000万单位农用链霉素兑水150升灌根，预防软腐病。在植株自然倒伏1周以后开始收获。晴天收挖，分级整理，适当风干。以小球茎和根状茎作为种芋，在室内脱水10%后，再进行越冬保温贮藏，前期和后期注意通风透气，中期注意保温。

第四章

魔芋繁殖与品种改良

一、繁殖方法

（一）根状茎繁殖

根状茎（芋鞭）是由块茎上的不定芽萌发形成的，一般形似棒状，先端有顶芽，有明显的分节，节上有侧芽。白魔芋 2 年生以上的植株，每年能在块茎上部长出 6 条以上根状茎，花魔芋能长出 4 条以上，而田魔芋较少出现根状茎。带顶芽的根状茎相当于一个小子芋，顶端优势较强，成活率高，生长快。不少植株还可长出第二片营养叶。增重系数大，在良好的管理下，可增重 15～20 倍，即 1 个 15 克左右的根状茎，经 1 年培育，大都可长成 200～250 克的种芋。根状茎上的侧芽，也可萌发形成植株，产生块茎。魔芋块茎上常形成许多根状茎，所以用之繁殖，可以获得大量种芋，是生产上极为重要的繁殖方法。

用根状茎繁殖的方法是：将挖出的芋鞭切成长 3～10 厘米的段，每段具 2～3 个芽。切口撒草木灰，晒 1～2 天后按行、株距各 33 厘米的密度播种。当年单株块茎可长至 100～150 克，每个块茎上平均能长出 2.4 条芋鞭。翌年再按行距 50 厘米、株距 33 厘米的密度栽植，收获后可作为商品出售。也可再按行距 66 厘米、株距 50 厘米密度播种，长 1 年再出售。

2005 年，湖北民族学院生物科学与技术学院陈耀兵推荐的根状茎 2 年促成栽培，即用商品芋上的根状茎 1 年内培育成芋种，翌年种成商品芋，比常规栽培可缩短 1 年。大的根状茎，每千克 60～100 个，每 667 米² 播种 1 万～1.2 万个，可育成 150～250 克的种芋；中等根状茎，每千克 100～140 个，每 667 米² 播 2 万～3 万个，可育成 50～100 克的种芋，可作商品芋的种芋；小的再按每 667 米² 播种 1 万个，培育 1 年即可育成 250～500 克的大种芋。根状茎培育种芋，除施足基肥外还要及时追肥，出苗期、散叶期各追 1 次氮、磷、钾（15-15-15）复合肥（以下简称三元复合肥），换头后再重施 1 次，每次每 667 米² 施 25 千克三元复合肥 +5 千克钾肥或 5 千克尿素 +15 千克钾肥。如干旱可浇沼气液、稀粪水。倒苗后叶柄易与种芋分离时即可收挖、贮藏。商品芋种植的防病和管理工作可参照种芋生产。该办法最大的好处是，平均缩短了 1 年的大田栽培时间，减少了 1 次种芋贮藏的投入和病害风险。同时，在当前魔芋病害还难以防治的情况下，也是一种避病栽培的好办法。

（二）顶芽带蒂繁殖

制作魔芋干或魔芋豆腐时，用刀从距顶芽 3～4 厘米处，向块茎下方斜着将芽取下，使带芽块茎呈上大下小的半球形，重 100～200 克。切口涂草木灰，待伤口愈合后再种。

（三）小块茎繁殖

1 年生球茎均以整球繁殖，2 年生球茎在 500 克以下，也可整球繁殖。魔芋收获后，将大块茎挑出，作为商品出售，剩余的小块茎留作种用。用整个小块茎作种芋，无损伤，出苗率高，生长健壮，产量高。

（四）切块繁殖

魔芋块茎顶端优势极强，切块时应以顶芽为中心，纵向等分切割，破坏顶芽，使每个切块所带侧芽萌发生长。为减少伤口，一般宜用重约 0.5 千克的块茎，纵切成重 50～100 克大小的小块，经济效益显著。块茎大，切口亦大，容易染病腐烂。切块时，用具尽量不沾水，防止葡甘聚糖溶液包裹大量病菌。切好的块茎在室温条件下放置 1 昼夜或在阳光下晒一段时间，待伤口愈合后再种。对于较大的块茎，可采用横切法：自块茎高 1/4～1/3 处横切下具有顶芽的上部块茎作为繁殖材料，下部块茎用于芋角、芋片的加工。横切的切块栽种方法和整块茎一样；而纵切的切块，栽种时要使皮部向上、切口向下，平放或倾斜栽植，以利于幼芽出土。为加速出苗，也可在种芋贮藏前将顶芽切除，使侧芽萌发，栽植前再将块茎分切成小块。如在秋季挖收后即切块，在栽植前约有半年的贮藏期，块茎上的不定芽就具备了出芽条件。

（五）"种子"和种子繁殖

魔芋浆果红熟后采收，除去果肉，将小块茎取出、洗净、晾干，放阴凉透气处，或采用与干沙混合堆积的办法贮藏。若近期播种，可与湿沙混合贮藏。

魔芋"种子"有休眠现象，休眠期长达 290～300 天。为促进发芽，播种前将其放在 0.5～1 毫克 / 升赤霉素溶液中浸种 5 分钟。然后按 8 厘米的行距，开深 5 厘米的小沟行条播。也可按 2 厘米左右的粒距撒播。播后覆细土 3 厘米厚，再在床面盖一层秸秆或搭荫棚，适时洒水，使土壤处于湿润状态。

魔芋"种子"的播种期一般在 3 月上中旬，大多在 5 月中旬至 6 月上旬萌芽出土。萌芽出土期，温度以 20℃～30℃为宜。幼苗出土后，揭去覆盖物。

苗高 8～12 厘米时，按 10 厘米×10 厘米或 10 厘米×15 厘米的株行距移栽。从幼苗出土至冬季倒苗，历时180～210天。小块茎一般可长至10～20克，翌年种植，经2～3年即可作种生产商品芋。

魔芋可以进行有性繁殖，但在自然环境下很多地方都不能结实。杂交难题有3个：一是可能发生不亲和性；二是花粉受污染；三是植株易发病死亡。张盛林等人对以上问题进行了研究，对花器较大的花魔芋和田阳魔芋，使用硫酸纸袋和白布袋进行套袋隔离；对花器较小的白魔芋用牛皮纸信封套袋隔离。对于仅作父本的试材，在收集花粉后继续套袋，直至邻近试材授粉结束后3天去袋。对于作母本的试材，在授粉48小时后取袋。

魔芋为雌蕊先熟植物，将在雌蕊刚成熟时的母体，用刀片切掉雄花序及附属器。为防止伤口流液过多，及时在伤口涂一层凡士林。也可不切除雄花序，而在外面涂一层凡士林，阻止花粉散发。对花魔芋雄花序及未带花芽的球茎进行化学去雄处理（表4-1）。布袋和纸袋均能很好地起隔离作用，但如时间过长，袋内高温高湿容易导致子房和花粉发霉，从而影响子房的正常发育。切掉雄蕊及附属器，除少数死亡外，多数存活并收到种子。雄花序外涂凡士林后，花粉虽仍由花药中散出，但却被凡士林阻隔而不能散发到空气中。这两种方法都可使魔芋花粉不扩散到空气中，达到预期的隔离效果。雄花序外面密涂凡士林不伤植株，效果更为理想，但操作时应仔细密涂，不可留空隙。切割柱头及涂4%蔗糖，可使不能正常

表4-1　化学试剂去雄的效应　（张盛林等）

试　材	试　剂	方　法	花　粉	植株成活率（%）
	1000毫克/升GA$_3$	涂雄蕊	有花粉散出	34.2
	70%乙醇	涂雄蕊	有花粉散出	15.4
花魔芋花器	饱和高锰酸钾	涂雄蕊	有花粉散出	26.4
花魔芋无花芽球茎	100毫克/升赤霉素	浸球茎	无花粉散出	

授粉的组合结籽。

化学去雄结果表明，用 100 毫克 / 升赤霉素浸无花芽球茎能有效地使花魔芋雄性败育。其他几个方法均不能完全杀雄，只能降低花粉成活率，这可能与浓度和处理时间不够或药剂的穿透力不强有关。

表 4-2 为魔芋杂交组合及方法与收获种子的株数，从表中可以看出，花魔芋与白魔芋正反交，均可收到种子；疣柄魔芋与白魔芋、花魔芋的正反交均未获得种子，切掉柱头授粉后 25 天内果实正常，其后逐渐死亡。田阳魔芋与花魔芋、白魔芋授粉后 30 天内果实外观正常，之后植株生长虽正常，但果实变软，继而腐烂。田阳魔芋切掉柱头而授花魔芋、白魔芋花粉的植株却表现正常，并收到种子。

未带花芽的花魔芋球茎，经 100 毫克 / 升赤霉素浸种处理得到花株后，雄蕊无花粉散出，但雌蕊能接受花魔芋和白魔芋花粉，并收到正常种子，说明其雌蕊可育。白魔芋球茎用 100 毫克 / 升赤霉素进行浸种后，虽佛焰苞及叶柄、花柄明显伸长，但无花粉散出，说明雄花败育；分别授以白魔芋、田阳魔芋及花魔芋花粉，植株生长正常，但均未结种子，说明其雌蕊也不育。

试验所用魔芋属的 4 个种之间的亲和性不尽相同。疣柄魔芋与白魔芋、花魔芋的正、反交均未获得种子，在切掉柱头的授粉组合中，授粉后 25 天内果实正常，其后逐渐死亡。龙春林、李恒研究证实，在国产魔芋染色体中，仅疣柄魔芋染色体数为 2n=28，该种与其他魔芋 2n=26 杂交后染色体配对困难，因而存在较强的不亲和性。

田阳魔芋与花魔芋、白魔芋在正常条件下，授粉后 30 天内果实外观正常，其后植株虽正常生长，但果实变软而腐烂，属胚胎败育。将田阳魔芋切去柱头授以花魔芋、白魔芋的花粉，果实表现正常，并收到种子。说明切除柱头也可作为杂交技术之一。

表 4-2 魔芋杂交组合及方法与收获种子的株数

杂交组合	处　理	杂交株数	结种子的株数
	正常授粉	25	14
花魔芋×白魔芋	GA₃ 诱导母本开花	25	8
	切掉柱头授粉	5	1
白魔芋×白魔芋	正常授粉	4	3
花魔芋×白魔芋	GA₃ 诱导母本开花	6	2
	切掉柱头授粉	2	1
	切掉柱头、涂 4% 蔗糖	2	0
白魔芋×花魔芋	正常授粉	2	1
	GA₃ 浸母本球茎	5	0
花魔芋×疣魔芋	正常授粉	1	0
	切掉柱头授粉	1	0
疣柄魔芋×花魔芋	切掉柱头授粉	1	0
白魔芋×疣柄魔芋	正常授粉	1	0
	切掉柱头授粉	1	0
疣柄魔芋×白魔芋	正常授粉	1	0
	GA₃ 浸母本开花	10	0
白魔芋×田阳魔芋	正常授粉	8	0
田阳魔芋×白魔芋	正常授粉	2	0
	切掉柱头授粉	3	1
花魔芋×田阳魔芋	切掉柱头授粉	17	5
	正常授粉	5	0
田阳魔芋×花魔芋	正常授粉	3	0
	切掉柱头授粉	5	1

注：GA₃ 浓度均为 100 毫克 / 升。

在杂交中，植株易死亡而收不到种子，主要由于过多的搬动导致花器损伤和病害；开花魔芋生根难以及授粉后花器内空气湿度大，在高温下极易造成花粉及子房柱头霉变，致使杂交失败。因此，及时采取相应的预防措施，才能取得较好的效果。如在室外创造湿度较大的环境条件，如搭塑料棚或遮阴等，使母体试材在授粉前后不再搬动以减少伤口，同时用100毫克/升农用链霉素灌根，防止病害；魔芋杂交中，为防止魔芋花粉混杂，对取粉株和已授粉植株在花粉散出前后均需进行隔离。常用纸袋或布袋，其隔离效果虽好，但由于花器内为高温高湿环境，而柱头、花粉等营养丰富，因此花器内（尤其是柱头）霉菌极易滋生，影响生长发育成长。因此，授粉2天后应及时去袋，防止柱头霉变。连续2年赤霉素诱导花魔芋成花，该花株附带营养株，且根系发达，长势好，从而授粉后不易死亡。

魔芋种子一般只用于扩大种芋数量及杂交育种后代的选育。种子繁殖的后代变异更大，可提供更多的选种机会。但得到商品芋的时间比用根状茎或种芋繁殖晚1～2年。花魔芋生活周期为5年。花魔芋每果穗收种子200粒，千粒重145～205克，休眠期292～297天，自然萌发率可达93.5%。

（六）离体组织培养繁殖

1. 组织培养的一般方法　魔芋组织培养技术是将魔芋切块，放在离体的人工模拟植物体内生理环境的无菌条件下，让其生长发育并长成一完整植株的方法。魔芋植株的任何器官和组织都可作为外植体进行离体组织培养。但不同器官或组织对培养条件的反应各不相同，培养难易程度不同。花魔芋和白魔芋的块茎、根状茎、幼嫩芽鞘，比叶片和根易于培养。魔芋组织中含有多酚物质，组织培养过程中容易发生氧化褐变，影响愈伤组织的生长。在培养基中加入0.05%聚乙烯吡咯烷酮（PVG），并进行暗培养等措施，可有效地防止离体组织的褐变。

组织培养的方法是：用魔芋的块茎、根状茎和幼嫩芽鞘作外植体。王丽等人对块茎采用4种消毒方法，约45天后块茎开始膨大，从中间冒出白色突起或从旁边裂开，形成愈伤组织。不膨大的材料，随培养时间的延长，不断褐变死亡。酒精浓度过高，对外植体有一定抑制作用。块茎处理以酒精 15 秒钟、0.1% 氯化汞 12 分钟效果最好。而在 2% 柠檬酸及 2% 维生素 C 溶液的培养皿中切割的块茎全部褐化死亡。比较叶片、叶柄、块茎诱导试验，叶片扩大呈波浪状，颜色由绿转黄，但无愈伤组织形成；叶柄末端会膨大，产生绿豆大小的瘤状物，并不断增殖，形成愈伤组织致密；块茎皮层和皮下组织，顶部形成突起或从旁边开裂，体积增大形成瘤状愈伤组织，覆盖整个切块。叶柄平放于 MS 培养基 +BA（6-苄基氨基嘌呤）2 毫克 / 升 + 萘乙酸（NAA）0.2 毫克 / 升培养基表面，诱导率最高、达 85.71%，块茎皮层诱导效果高于块茎内层。还发现 BA / NAA 高时，利于子叶柄诱导。在 MS+BA 1.5 毫克 / 升 +NAA 1.5 毫克 / 升培养基，即 BA / NAA 为 1 时，对块茎诱导较好。激素种类及配比对芽分化影响较大，BA/NAA 配比下对芽的分化达到极显著。以 NA/NAA 为 200 时增殖系数最高，选择 MS+BA 2 毫克 / 升 +NAA 0.01 毫克 / 升作为芽分化的最佳培养基。将从生芽转接到 MS+NAA 0.5 毫克 / 升生根培养基上，生根率达 100%。

据张征兰等报道，将幼芽纵切成小块，比较容易诱导形成愈伤组织。用完整的幼芽接种，不能直接长出植株或形成愈伤组织，在培养基上 10 天内可保持白色，以后变黑。黄丹枫等亦报道，用主芽、侧芽培养未获得再生植株。相反，庄承纪等用魔芋主芽或较大的侧芽，剥去包片，切取茎尖，接种在含 BA 1～3 毫克 / 升和 IAA（吲哚乙酸）0.5～1.5 毫克 / 升的培养基上，培养 4 周后，茎尖逐渐生长，然后在其基部周围逐渐形成根，长出小植株。徐刚等用 0.2～0.5 毫米大小的茎尖和 5 毫米×5 毫米×5 毫米大小的幼芽，培养在 1/2 MS+1 毫克 / 升 BA+0.01 毫克 / 升 NAA 的培养基中直接诱导出幼芽，然后逐渐生长直接形成幼芽或幼苗；或从茎尖幼芽形成的块茎组织表面诱导出幼芽。将膨大的块茎组织分割后，接种于 MS+1 毫克 / 升 BA+0.01 毫克 / 升 NAA 的培养基中进行增殖培养，从增殖的块茎组织表面可不断地诱导出幼芽。幼芽切块，转入不含激素的 MS 培养基中，可形成幼苗。幼苗切块，转入 MS+0.1 毫克 / 升 NAA 的生根培养基中，幼苗生根，形成完整的植株。

吴毅歆等人以无毒花魔芋试管苗叶柄为外植体，在 12 种培养基上进行愈伤组织诱导，筛选出 MS+6-BA 0.5 毫克 / 升 +NAA 0.1 毫克 / 升为愈伤组织诱导最适培养基，诱导率达 100%；以叶柄愈伤组织为外植体，在 5 种培养基上进行芽的分化，筛选出 MS+6-BA 1 毫克 / 升 +NAA 0.1 毫克 / 升为芽分化最适培养基，分化率达 66.7%。以芽分化中形成的有效芽苗为外植体，在 7 种培养基上进行根的诱导，筛选出 MS+6-BA 1.5 毫克 / 升 +NAA 0.15 毫克 / 升为生根培养最适培养基，生根率达 100%。

组织培养用的外植体，其表面带有很多细菌，必须彻底灭菌。一般灭菌方法是：用自来水冲洗半小时→用 75% 酒精浸泡 1 分钟→再用 0.1% 升汞水灭菌 20 分钟→最后用无菌水冲洗 4～5 次。这样污染率在 4.5% 左右。该方法使用升汞，有剧毒，使用不当时对人体及组织培养有影响。为避免使用升汞，徐刚等人采用的方法是：将子块茎用自来水冲洗干净后，用打孔器取出带幼芽的块茎组织进行灭菌。灭菌时一定先浸入 1% 次氯酸钠溶液中 15 分钟，然后浸入 70% 酒精中 2 分钟，再浸入 1% 过氧化氢溶液中 10 分钟，最后用无菌水冲洗 3～4 次，效果很好。

组织培养用的外植体，经消毒后，在含 0.5% 维生素 C 和 0.05% PVG 的培养器皿内切成 0.5 厘米见方的小块，接种到经过严格灭菌的三角瓶内的 MS 固体培养基（含 1 毫克 / 升 NAA、1 毫克 / 升 BA、0.05% PVG、3% 蔗糖）上，在 25℃室温中暗培养，经 3～4 周可形成粉红色的愈伤组织。愈伤组织继代 2～3 次后，将带有愈伤组织的外植体转接到含 0.01～0.1 毫克 / 升 NAA 和 1～2 毫克 / 升 BA 或 0.5 毫克 / 升 NAA 的 MS 固体培养基上，每天 16 小时光照，在室温中培养，诱导芽的形成。约经半个月，出现许多小芽点。待芽长到叶片刚出鳞片时，带少量愈伤组织将芽切下，接种到含 1 毫克 / 升 BA 的 1/2MS 固体培养基上，诱导生根，或直接以 10 毫克 / 升 BA 处理芽基部半小时后，栽种到草炭培养基上。也可移栽到装有蛭石和珍珠岩（1 : 1）的育苗箱中。

云南省农业科学院生物技术研究所王玲、李勇军、房亚南等报道了脱毒魔芋组织培养原原种生产技术：萌发 1 厘米左右花魔芋的顶芽，采用热处理茎尖分生组织培养方法，经过丛芽诱导扩繁，培育出脱病脱毒魔芋良种的再生植株。当生根组培苗的根长至 0.5 ～ 2 厘米时，即可出瓶，洗净根部培养基，移栽至温网室内。组培苗收获时可得到平均 50 ～ 60 克的种芋，最大的可达到 200 克左右，芋鞭 2 ～ 3 个。脱病脱毒魔芋组培苗有 3 ～ 11 片叶，有的一棵魔芋可同时得到 2 ～ 5 个种芋。

王玲、李勇军等研究了魔芋茎尖培养，提出了"一步成苗"技术：在常规培养条件下（培养温度 25℃，每日光照 8 小时，光强 1 500 勒）剥取外植体顶端生长点，接种在培养基上，经约 28 天的培养就一步成苗（诱导、分化、生根培养在同一培养基上），并且成苗率非常高（95%）。整个培养过程仅 38 天，缩短了培养周期，简化了培养程序，提高了出苗率，降低了生产成本。徐刚、王彩莲等也研究了魔芋的茎尖组织培养和植株的再生，利用茎尖和幼芽培育的块茎组织不断增殖分化出芽，6 个月后由茎尖培育的块茎组织增殖率为 334 倍，由幼芽培育的块茎组织增殖率为 576 倍。

魔芋组织培养中分化阶段，生长素是诱导产生愈伤组织的必需条件，细胞分裂素 6-BA 的浓度决定培养的成苗率，浓度在 0.5 ～ 4 毫克 / 升范围内有利于不定芽的发生；生根培养基 MS + NAA 0.5 毫克 / 升 + KT 0.3 毫克 / 升有利于魔芋根系生长。分化过程中，pH 值应为 6.2 ～ 6.6，而环境 pH 值 5.8 有利于魔芋细胞的再分化。魔芋组织培养的适宜温度为 23℃ ～ 27℃。魔芋能在较弱的光照条件下培养生长，愈伤组织形成，生长阶段光照强度为 800 ～ 1 000 勒，不定芽分化阶段为 1 200 勒；遮光培养 7 天可有效控制刚接种外植体的褐变。陈永波研究了魔芋愈伤组织形成因素的影响力大小，为糖质量分数＞盐质量分数＞暗培养时间＞pH 值。糖质量分数以 3% 最佳，盐浓度以 1/2MS 或 MS 为好，暗培养 7～21 天，对愈伤组织生长影响不大。在以上因素确定的条件下，pH 值以 6.2 为最好。

此外，细胞分裂素与魔芋组织培养器官的发生有密切关系。植物体内的细胞分裂素（CTK）有 7 种，分为玉米素类（ZRs）和异戊烯基嘌呤类（IPAs）两大类。在魔芋组织培养过程中，细胞内异戊烯基嘌呤类细胞分裂素含量的上升与不定芽发生呈正相关，而玉米素类细胞分裂素的含量变化与器官发生无显著关系。培养基中细胞分裂素物质的种类和浓度，影响魔芋愈伤组织细胞内异戊烯基嘌呤类的生物合成，从而影响魔芋愈伤组织的细胞分化、器官发生和植株再生。魔芋愈伤组织的不定芽的发生，对培养基中细胞分裂素种类有很强的选择性，适宜的分化培养基为 MS＋NAA 0.5 毫克 / 升 ＋BA 2～4 毫克 / 升。

白魔芋材料比花魔芋材料易于培养。在附加 1 毫克 / 升 NAA 和 1 毫克 / 升 BA 的 MS 固体培养基上诱导愈伤组组，继代培养后，在含 0.1 毫克 / 升 NAA 和 1 毫克 / 升 BA 或含 0.5 毫克 / 升 NAA 和 4 毫克 / 升激动素（KT）的 MS 固体培养基上诱导生芽。以后的过程与花魔芋相同。

2. 试管苗的移植　试管苗出管移栽时，应洗净附着于根部的培养基，减少病菌感染。出管后 3 天内，注意保持空气相对湿度在 90% 左右。若出管时气温过高或过低，应在培养室中预培养 1 周。

试管苗当年可得到重 20～30 克的块茎。再种 2～3 年，即可作为生产用种。

组织培养繁殖速度很快。接种 1 个小外植体，继代 2～3 次，可得到 4～10 块甚至更多的愈伤组织。每块愈伤组织以分化 10 个芽计，可得到 40～100 株苗。

湖北恩施土家族苗族自治州农业科学院采用营养液立体多架层栽培，生产原种和良种技术，建成魔芋试管苗 2 年速成繁育体系模式。一般由试管苗或试管芋直接栽培在温网室，形成的原种重量一般为1～30克，5克以上的种芋可以直接作为生产种芋的良种，5克以下的需在网室中繁殖1年，才能在大田种植。这就是魔芋试管苗（芋）2年速成良种繁育体系。

蒋晓云等为摸清红魔芋组培苗在云南景洪市大棚设施条件下能否周年栽培，于2011年1月至2013年12月期间进行栽培试验，结果表明：红魔芋组培苗均能周年栽培，平均成活率为85.9%，最佳栽培时间为6～7月份，其次是4月份、5月份、8月份、9月份。5月份的平均成活率最高，达95.17%，但3年的成活率不稳定。8～9月份接近魔芋的成熟休眠期，温度虽高于27℃，但对成活也有影响。

3. 组织培养常见问题

（1）污染问题 这是组织培养中长期存在的问题。一般包括真菌污染和细菌污染，按来源可分为材料带菌、接种污染和培养污染。培养材料如植物种类、外植体类型及大小，长期暴露于大田中的魔芋外植体，由于大气及土壤中的种种污染致使其被严重污染，因此在选取试验材料时，应该选择球茎表面较光滑、无伤口的健康球茎或根状茎为材料。对不同的外植体表面，应选择不同的消毒剂和灭菌时间。利用熏气20分钟—酒精浸泡1分钟—氯化汞浸泡25分钟的综合消毒灭菌方法，既有效地杀死了外植体的内生菌，又杀死了表面细菌，使初次接种污染率控制在10%以下，继代培养污染率在5%以下。

接种污染主要是由于接种过程中使用未消毒好的工具及人员呼吸时排出的细菌等，使病菌污染材料而造成的。因此，要求操作人员接种前要洗手，并用70%酒精棉球擦拭双手；接种用的镊子和解剖针或接种针要在火焰上灼烧灭菌。材料接种好后，要对接种瓶瓶口进行消毒。如果接种室中病菌多、湿度大、温度高或超净工作台运行不良，在培养过程中也会使培养材料被污染，表现为在培养基上出现黄、白、黑等不同颜色的霉菌。针对这种污染，可定期对接种室和培养室用高锰酸钾和甲醛熏蒸，提前 20 分钟打开超净工作台，接种前对接种室进行紫外灯照射等灭菌。

（2）褐变现象　是指组培过程中由于魔芋外植体内具有酚类化合物，在伤口或幼嫩组织附近释放氧化后，形成了棕褐色有毒的醌类物质，使培养基变成褐色，而对魔芋组织产生毒害作用。褐变已成为魔芋组培中常见的问题之一，若处理不当或不及时，则会阻碍组织培养生产工厂化的进行。

影响魔芋褐变的因素很多，如种龄越大，培养时越易褐变；高温、强光照会提高多酚氧化酶（PPO）的活性，促进酚类物质的氧化，加速褐化；培养基中外源激素的种类和浓度对培养材料的褐变有一定的影响；琼脂浓度和氧化剂对培养材料也有影响。

针对影响魔芋褐变现象的主要因素，可采取以下措施：选取种龄幼小、体积适宜的外植体作培养材料，切割时尽可能减小伤口面积，缩短切片在空气中的暴露时间；对培养基多进行一段时间低温和黑暗条件的培养；将培养基中生长激素 2, 4-D 浓度适当降低，细胞分裂素 6-BA 浓度相对提高，褐变率变小；一般液体培养容易使有毒物质扩散，因此魔芋组织培养大多采用固体培养，在培养过程中可以调整琼脂浓度，以降低褐变率，并在培养基中加入一些抗氧化剂，如活性炭（500 毫克 / 升）、半胱氨酸、二氧化硫、抗坏血酸等，均能预防醌类物质的形成，达到控制褐变的目的。

（3）玻璃化现象　在魔芋组织培养中经常会出现组培苗的玻璃化现象，表现为试管苗叶片、茎段如水浸一般，呈水晶状透明或半透明，整株矮小肿胀、失绿，叶片内卷变厚，质地脆弱。体内水势高，叶绿素、蛋白质、纤维素、木质素等含量降低，出现生长不良甚至死亡现象。

有关研究表明，琼脂和蔗糖浓度与玻璃苗的比例呈负相关，即琼脂或蔗糖浓度越高，玻璃苗的比例越低。另外，培养材料、培养基成分、植物生长调节剂、培养的环境等均会造成组培中玻璃苗的形成。

防止出现玻璃苗，须从培养基及其环境条件和生理生化方面入手。具体措施是：选择不易玻璃化的基因型及部位作为外植体；增加琼脂浓度和蔗糖含量；在 MS 培养基中，减少或除去 NH_4^+，并及时转接；提高光照强度，改变培养材料通气状况；在培养基中添加活性炭、钾、磷、铁、铜等元素；适当低温处理，避免过高的培养温度。

玻璃化冻存是近年发展起来的一种植物资源超低温保存方法。张玉进等人研究了魔芋茎尖玻璃化冻存的主要技术环节，建立了较适宜的魔芋种质资源超低温保存体系。其做法是：在实体显微镜下，从继代培养 2 周的不定芽上切取 1～1.33 毫米大小的茎尖，经 0.7 摩/升蔗糖的 $MS-NH_4^+$ 培养液室内预培养 2 天，玻璃化溶液 PVS_2 室温下处理 10～20 分钟，直接投入液氮中保存。保存后，茎尖经 40℃～77℃水浴快速化冻，1.2 摩/升蔗糖培养液洗 2 次、各 10 分钟，在黑暗中培养 2 周后转入光下。冻存的茎尖直接生长发育或经愈伤组织再分化形成完整植株，存活率为 50%～70%。从基因组 DNA 检测结果表明，魔芋茎尖经超低温保存后，其遗传特性未发生改变。

（4）**遗传稳定性问题**　遗传稳定性指保持原有良种的性状。在组织培养中，有时经愈伤组织途径诱导完整植株，会出现遗传不稳定的现象，表现为生长习性、熟性、发育特性和抗性发生变异，而且随着继代次数和时间的增加，变异率不断提高。黄丹枫等研究表明，魔芋继代培养多次后，可引起亚单倍体细胞、亚二单倍体细胞的增加，继代培养 11 代后，出现较多的超二倍体细胞。另外，培养基、生长调节剂的浓度和种类也会影响遗传稳定性。针对魔芋中存在的遗传变异问题，进行组织培养快繁时，应采用不易发生变异的魔芋茎尖、幼嫩组织进行培养，缩短继代次数，并采用适当的植物生长调节剂浓度和种类，尽量减少培养基中容易引起诱变的化学物质。

（5）**提高试管苗移栽成活率的问题**　试管苗在恒温、高温、弱光、异氧等特殊条件下增殖与生长，移栽后生态系统发生了很大的改变，此时它适应外界环境的能力较差，生长力也较弱，需要经过一个逐步锻炼和适应的过程，才能有效提高组培苗的成活率。

由于培养基是经过高压灭菌的，试管苗一旦接触外界环境，很容易滋生病菌，所以选择恰当的种植基质至关重要。魔芋组织培养基质一般选用沙壤土、腐殖土和经腐熟晒干、敲碎过筛的细猪粪，其比例为 0.1：10：1。

培养壮苗是移栽能否成活的基础。壮苗标准：苗高 4～5 厘米，根系 3～5 根，根长 2 厘米以上。叶柄粗壮、叶片宽大深绿色的试管苗，在自然光照下炼苗 2～3 天后移栽易成活。

组培苗通常需要经过生根阶段后移栽才能保证有较高的成活率。组培苗的生根方式有瓶内生根和瓶外生根两种。瓶内生根受培养条件影响很大，生长周期长，成本高。而采用瓶外生根可以将生根与炼苗阶段结合起来，节约了成本，缩短了育苗周期，提高了生产效率。但到目前为止，国内外对瓶外生根的研究及应用很少。魔芋组培苗生根培养的过程是：将增殖阶段培养产生的魔芋丛苗切成单株后接入到生根培养基中生根成苗，单株苗转到 MS 基本培养基 +0.4～0.5 毫克/升 NAA 生根培养基上都能生根，最佳生根培养基为 MS 基本培养基 +0.3～0.5 毫克/升 NAA，生根率达 100%。

炼苗是组织培养中较为关键的环节，温度、湿度、光照等环境条件均会影响成活率。组培苗在移栽前，先在室内打开瓶盖，在自然光照下培养 10 天左右，降低温度，增加光照，再将幼苗移出，经消毒处理后置于带土营养袋中，在室内锻炼 15 天左右，便可以移栽到田间。

组培生根苗在无菌异养变为有菌自养的过程中，植株幼小，组织幼嫩，比较容易感染病菌死亡，因此在生根苗移栽前要进行杀菌处理。其方法有 3 种：①用 0.01%～0.02% 优氯净溶液浸泡试管苗基部以下 2～3 分钟。②用 0.001%～0.002% 高锰酸钾配制成粉红色的溶液，浸泡试管苗基部以下 5～10 分钟。③用 72% 硫酸链霉素可溶性粉剂 2 000 倍液浸泡试管苗基部以下 10 分钟。轻轻漂洗去试管苗根部的培养基，然后分株移栽到大棚中。一般采用卧式淹没根部法栽培，不压根，浇透水，注意遮阴保湿。

（七）不定芽低温保存

以往魔芋种源靠资源圃保存，占地多，费用高，且存在自然灾害和人为损失等问题。试管苗继代培养工作量大，费用也高；长期继代培养还易产生体细胞变异，不利于保持魔芋种质资源的遗传稳定性。为解决这一问题，张玉进等人于 1999 年进行了魔芋不定芽低温保存研究，提出魔芋不定芽低温保存的技术体系为：用 1.5 厘米长的不定芽，接种于附加 20 克 / 升甘露醇、0.5 毫克 / 升 BA、$0.05 \sim 0.1$ 毫克 / 升 NAA、3% 蔗糖、0.7% 琼脂的 MS-铵离子（NH_4^+）培养基（pH 值 5.8）上，室内光照培养 7 天，转入 4℃环境保存 $180 \sim 270$ 天，然后继代培养，存活率很高。

低温保存时，不定芽不宜太小，否则芽材易褐变、水肿，存活率极低。取芽时应带一定的愈伤组织。愈伤组织结构致密，似小块茎，具有较强的抗冷能力，保存后易于发生腋芽，加速繁殖速度。甘露醇有利于芽的低温保存，其主要作用是增加培养基的渗透势，减少不定芽对水分的吸收利用，有利于不定芽细胞可溶性糖的积累，并降低过氧化物酶活性升高的幅度，保存后不定芽能快速恢复生长。

（八）微球茎繁育

2003 年，云南省农业科学院生物技术研究所报道了魔芋微球茎的繁育技术。随着微球茎快速繁殖方法的建立，有望从根本上解决种芋问题。2008 年，湖北省吴金平等人利用湖北省农业科学院生物技术研究室提供的微球茎，该球茎是 2006 年 12 月份从培养瓶中取出，用自来水洗净培养基，放在自然环境下干燥，保存在沙中。2006 年 12 月份利用湖北省农业科学院生物技术研究室试验基地，每 667 米² 用石灰粉 25 千克撒在畦面土壤上，翻挖 $1 \sim 2$ 次。栽种前 2 天，每 667 米² 撒施三元复合肥 50 千克，并加适量多菌灵药剂（按说明书），再与 10 厘米深层表土充分搅拌均匀。2007 年 4 月 20 日种植，畦宽 1.5 米，微球茎株行距 15 厘米×20 厘米，微球茎上部露土 2～3 厘米，浇足定根水。追肥 2 次：第一次在 6 月份，用钾肥 8 千克与磷肥 6 千克混合加水浇施后培土；第二次在 8 月上中旬，用磷肥 10 千克、钾肥 10 千克兑水施于穴沟后培土。在其叶"封林"后结合喷药加入 0.5% 磷酸二氢钾做叶面追肥 1～2 次。春季整地后用 50% 莠去津水剂将土壤喷湿，以清除杂草。

微球茎种植后 1 个月开始萌芽出土，此时进行浅中耕破除土表板结层，增强土壤空气通透性，同时进行培土。主要病害为软腐病和白绢病。软腐病用链霉素防治，白绢病用甲基硫菌灵或多菌灵防治，并及时将病株及周围土壤一同挖出，然后用生石灰粉撒入坑中、压实，防止传染。

11 月 5 日收获，全生育期 170 天。栽植 157 个微球茎，成活 147 个，成活率 93.6%。平均株高 19.9 厘米，叶色深绿。单个微球茎上长出的植株最多达 9 个，147 个微球茎收获的原种重 8.1 千克，单球重 100 克以上者有 5 个，单球重 50～100 克者有 73 个，单球重 30～50 克者有 41 个，30 克以下单球 28 个。平均单球重 55.4 克，最大单球重 128 克、呈圆柱状，最小单球重 7 克、呈球形。一般 1 年生的种芋根状茎平均仅生 1 个，而微球茎形成的根状茎与种芋连接的部分自然萎缩，根状茎形成重约 2 克的小球茎，一般可形成小球茎 2～4 个，最高的可达 6 个。

二、魔芋品种改良研究进展

（一）魔芋常规杂交育种

魔芋属于雌雄同株植物，但雌蕊先成熟，雄蕊后成熟，雌蕊花期能授粉的时间很短，自交花期不遇。可采用杂交育种方式把魔芋的种质优势杂合起来。我国魔芋杂交育种，由刘佩瑛教授开创，张盛林参与研究，分别用花魔芋×花魔芋、花魔芋×白魔芋、花魔芋×田阳魔芋进行杂交，其后代综合了父系和母系的特征。但由于我国目前面临的主要问题是软腐病、白绢病和根腐病严重，这些资源中缺乏抗病特性，所以从这些杂交后代筛选出的品种要达到生产中实际需求还很困难。原生质体融合技术可克服常规有性远缘杂交育种中存在的生殖隔离和杂交不亲和性问题。张兴国等报道，用1%纤维素酶、0.5%离析酶、0.5%半纤维素酶处理白魔芋和花魔芋的愈伤再生植株幼叶可得到原生质体，但由于魔芋属于富含多酚类化合物材料，后续原生质体很难形成细胞壁并再生成植株。另外，可以尝试利用魔芋的花粉培育愈伤组织方法来进行原生质体融合，直接培育出二倍体的杂交原生质融合体；其次，还可利用体细胞原生质体融合技术培育出四倍体或多倍体的魔芋资源。该技术体系的建立可克服魔芋的杂交不亲和难题，是魔芋的重要育种途径，需要尽快取得突破。

（二）辐照育种

为了快速得到魔芋种质材料，辐照技术曾被用来处理魔芋种球的主芽。张盛林等发现 ^{60}Co-γ 射线的适宜剂量为 $10\sim20$Gy，高于20Gy，魔芋主芽受损率非常高，不能正常萌芽。黄训端等的试验表明，^{60}Co-γ 射线的适宜剂量为 $7\sim10$Gy，推测两者的结果差异可能与球茎大小不同有关。因为球茎越大，主芽对辐照剂量越敏感。张盛林等认为合适的辐照球茎直径应在3厘米以下。从辐照后植株性状表现看，低剂量 ^{60}Co-γ 射线照射后，当年魔芋会出现厥叶、黄化、叶色加深、叶片畸形、植株矮化等症状；稍高剂量 ^{60}Co-γ 射线照射后，当年魔芋会出现多叶现象，但连续种植2年，多叶现象会逐渐消失。

（三）魔芋多倍体育种

多倍体育种是以人工诱导使植物染色体数目加倍的育种技术。

日本从 20 世纪 50 年代开始培育四倍体魔芋，西山市三等在日本育种学杂志报道：利用 0.1%、0.2%、0.4% 的秋水仙碱处理花魔芋品种在来种、备中种和支那种，分别从在来种和备中种中获得四倍体魔芋品种，其染色体为 52 对，相当于二倍体的 2 倍。1986 年至今群马县试验场的研究人员继续在魔芋多倍体育种项目上进行深入研究，试图得到三倍体和五倍体魔芋。

我国从 21 世纪开始进行魔芋多倍体研究，由刘佩瑛科研团队率先开始诱导白魔芋四倍体材料。刘好霞等采用种子浸泡法、根状茎顶芽滴液法和愈伤组织诱导法进行白魔芋多倍体诱导，获得 1 株纯合四倍体植株，看来有望通过快繁途径获得大量白魔芋四倍体植株。

（四）魔芋基因工程育种

在细胞或组织水平上，采用胁迫因子（如细菌滤液、毒素等）诱导和选育抗病突变体。吴金平利用甲基磺酸乙酯、软腐病菌滤液处理魔芋愈伤组织，在离体条件下筛选到抗魔芋软腐病抗原材料。在分子水平上，可通过转基因方法直接获得抗病魔芋新种质。目前，已有 2 个抗病基因通过根癌农杆菌介导方式转入魔芋植株。首先转入的 1 个抗病基因是 AiiA 抗病蛋白，该蛋白主要是干扰魔芋软腐病菌毒性基因的表达，经过人工改造后，转入清江花魔芋体内，转基因植株的抗病性大大增强。另一个是 StPRp27 抗病基因，该基因编码病程相关蛋白，是在研究马铃薯对晚疫病的水平抗性时从马铃薯 cDNA 文库中发现的。严华兵利用农杆菌介导方式把 StPRp27 抗病基因转入白魔芋，陈伟达把该基因转入花魔芋，均获得阳性克隆子，经检测其抗病性高于正常白魔芋和花魔芋，创造了新的抗病种质资源。

魔芋球茎中主含葡甘聚糖，也含有一定数量的淀粉，在精粉加工中属于杂质。为了让魔芋球茎尽可能使体内的能源物质减少流向淀粉合成路线，可通过干扰魔芋体内淀粉合成路线来达到目的。研究发现，ADP-葡萄糖焦磷酸化酶是植物体内淀粉合成的关键酶。张兴国等先后从魔芋球茎组织中克隆出该酶的大亚基和小亚基的编码基因。杨正安将 ADP-葡萄糖焦磷酸化酶的大亚基编码基因构建成反义表达载体，转化花魔芋愈伤组织，获得了转基因材料。李贞霞等将其小亚基编码基因构建成反义表达载体，以白魔芋愈伤组织为材料，获得了阳性转基因植株。但这些措施并没有使魔芋中葡甘聚糖含量大幅提高，可能魔芋体内葡甘聚糖的合成途径还有更为复杂的机制。

第五章

魔芋栽培技术

一、魔芋栽培模式

魔芋栽培方式有两种，即自然生长法和人工栽培法。

（一）自然生长法和人工栽培法的比较

魔芋为原产于热带雨林气候森林下层的多年生草本植物，4年左右完成生活周期。因此，其自然群落为1～4年生植物混杂生长，交替分布，叶面积指数高达2～4，较人工分龄栽培的叶面积指数1.5高出1倍左右，而且可显著减轻病害。自然生长法在日本、中国和东南亚一些国家均有采用。

自然生长法必须选择在魔芋的最适生长区或适宜生长区发展，要求年平均温度为13℃～18℃，夏无酷暑烈日，冬无冻害，土层深厚肥沃，有机质含量高，有落叶树遮阴。一般不进行耕作，仅适当补以有机肥，基本不用农药，球茎质量高。每年按叶柄粗细选收3～4年生植株的球茎，1～2年生球茎仍留在土中继续生长，连年不断选择收获，不翻耕土壤。这种方式在日本已成为规模并规范化，在原地已连续栽培了100～200年，无须病虫害防治。

日本魔芋自然生长法的选地环境有如下特征：①有效土层深厚、排水良好，利于地下球茎生长发育；②土地位于斜坡地带，难于耕耘，且易遭侵蚀；③多数地块肥沃度不高，养分不足，但其栽培效果却有独到之处：魔芋1年生至4年生混栽，栽植密度高，为1年生球茎栽培的2～3倍；叶面积指数为2～4，比人工栽培大1.5～2倍；有落叶树遮阴，以堆肥、稻草、落叶、芒草及有机肥作基肥，不用农药和化肥，其产量及质量均高于人工栽培。

人工栽培法是将魔芋球茎、子球茎、根状茎等分类分龄栽培，每年全部挖收，将3～4年生球茎作商品芋供加工或出售，1～3年生的球茎及根状茎、子球茎经冬季贮藏后作种芋继续栽培。因种芋搬运易受伤、易感病，且大量施用农药和化肥，造成品质和产量下降。我国在秦岭以南有大面积的丘陵和山区适合魔芋生长，应引导农民保护林木，选有稀疏落叶树为魔芋遮阴、选好坡向及适合土壤，推行施用有机肥、不用化肥、尽量少用农药等核心技术，尝试用自然生长法栽培魔芋。

（二）栽培模式

1. 单作栽培　魔芋在高山和高二山等半荫蔽地区可进行单作栽培，即在一块地里仅栽培魔芋。在海拔800米以下的低山和丘陵地区，单作栽培要防止日灼病。平原地区因日照强度较高，阳光直射，光照时间长，气温高，不宜种植。若种植，必须用麦秸或稻草覆盖遮阴，防止叶片升温过快而引起日灼病。

2. 空地栽培　山区芋农习惯在房前屋后、林缘溪边、田边隙地栽培魔芋，这样有利于充分利用山区的土地资源，提高农民收入。栽培前穴施农家肥，再播种，加强肥水管理。

3. 瓜、芋间作栽培　利用瓜架遮阴，将地深挖、疏松，施肥播种。选用叶小的蔬菜，如黄瓜、丝瓜、苦瓜、葫芦等，实行瓜芋混作或间作，有利于发展山区多种经济。

4. 林果芋间作栽培　在茶林或果园空地栽培魔芋，既不影响茶树和果树生产，又可进行魔芋栽培，在山区值得推广应用。

5. 粮芋间作栽培　利用大豆、玉米或小麦等高秆作物，与魔芋间作套种，既可防止阳光直射而引起的日灼病，又可防止干旱，起到保墒遮阴的双重效果。

二、魔芋栽培技术

（一）土地准备

1. 选地　魔芋宜选择半阴、温暖、湿润的地区栽培。适宜海拔为 500～2 500 米，最宜海拔为 1 000～1 500 米，海拔 1 200 米以上的山区可以净作。秦巴山区适宜区域为海拔 700～1 100 米，年平均温度 12.1℃～13.9℃，＞35℃高温持续时间较短，昼夜温差较大，年降水量 904.7～1 117.4 毫米，年日照率 33%～36%。该区土壤为黄棕壤土，有机质积累较多，黏化作用弱，土壤黏粒含量较低，土体疏松，适宜魔芋生长。宜选耕层较深、南面斜坡排水良好且无大风的山区及丘陵地区。在平川地区栽培时，宜与稀疏的或未成林的果园、茶园间作；与玉米、高粱、小麦、瓜类等作物间作，也可获得良好效果。

魔芋忌连作，长期连作导致土壤带菌病残体增多，引起病害大流行。多点调查结果表明，第一年种植魔芋的地块病害率为 3%，第二年为 14.4%，第三年为 21.2%，第四年高达 34.1%。所以，必须改连作为 3 年轮作制度，每 1～2 年必须换地，有条件的地方可改为水旱轮作。

魔芋对土壤条件要求不严，单作、套种均可，即使在房前屋后或疏林、溪谷两旁的小块空地上也能种植。最好选择土层深厚、肥沃、有机质含量高、疏松并经常保持湿润而无积水的壤土或沙壤土。魔芋是喜中性和酸性的植物，在土壤含盐量为 2.5‰时生长正常，含盐量 ＞2.5‰时生长受抑制，盐分达 3‰时生长不良，倒苗早，产量低。因此，大面积种植时应事先做好土壤酸碱度（pH 值）的测定。pH 值为 5.5～7，表明土壤呈中性或偏酸性，适宜魔芋种植；

pH 值 <4 或 >7 的土壤不宜种植。

若无条件测定土壤 pH 值时，可根据以下简易的经验进行识别：一般情况下，黄壤、红壤属于酸性反应，石灰质土壤呈碱性反应，沙质岩母质土壤呈中性，海边土壤属盐碱土；杜鹃花、铁芒箕、马尾松等生长良好的地方，多呈酸性或微酸性；油桐、蜈蚣草等生长良好的地方，呈中性；野棉花、艾蒿、碱蓬、盐蓬等生长好的地方，一般呈碱性反应；水田中蚂蟥（水蛭）多的田块，呈酸性；螺蛳和蚌多的呈碱性，泥鳅多的呈中性或微酸性；旱地中有蚯蚓、蛴螬和蝼蛄等昆虫繁生的，一般为中性。

2. 改良土壤 对酸碱度不符合魔芋生长要求的土壤，可以采用人工方法进行改良：酸性过强的，可通过施石灰、草木灰和增施农家肥的方法进行改良；而对碱性土壤，可以采用掺黄土或掺红土，或增施有机肥或施石膏、磷石膏、亚硫酸钙等进行改良。

3. 施肥 魔芋地要在冬前深耕，深耕时要重施基肥。不同基肥对魔芋发病率和产量有极大影响。云南省董坤等（2008）试验，种植时基肥施用农家肥＋复合肥＋苕子的发病率最高，6月份达14%，9月份达10.11%；只施用苕子的发病率最低，6月份为8.67%，9月份为5.33%。基肥用农家肥＋复合肥的产量最高，每公顷产量29吨；只施用复合肥的产量最低，每公顷产量17吨（表5-1）。

表 5-1 不同基肥对魔芋发病率和产量的影响 （董坤等，2008）

处　　理	发病率（%）				小区平均产量（千克）	折合产量（吨/公顷）
	6月份	7月份	8月份	9月份		
苕子	8.67	0.33	2.78	5.33	48	24
农家肥	9.78	0.22	1.89	6.44	56	28
苕子＋复合肥	11.11	—	2.44	7	48	24

续表 5-1

处　理	发病率（%）				小区平均产量（千克）	折合产量（吨/公顷）
	6月份	7月份	8月份	9月份		
农家肥＋复合肥	11.11	0.22	1.33	6.11	58	29
复合肥	13.67	4.44	6.67	9.11	34	17
农家肥＋复合肥＋苕子	14	0.22	3.67	10.11	59	28.5
CK：不施任何肥	10.4	0.8	1.9	8	43.9	21.95

　　注：试验地位于云南富源县竹园镇补六村，供试品种为富源魔芋。株行距20厘米×30厘米，每畦种植6行，每行50个，每小区300个，种芋大小为20～30克/个。苕子、鲜草堆腐后施于种植沟内，覆盖在魔芋上，每小区20千克；复合肥10克/株，农家肥200克/株。

　　块茎中"三要素"的含量：氮0.16%，磷（P_2O_5）0.02%，钾（K_2O）0.18%，其中氮、钾最为重要（表5-2）。钙的吸收量次于钾。氮对叶部生长特别重要，耗量也最大；钾对碳水化合物，特别是葡甘聚糖的合成和积累及植株的健壮生长特别重要；磷对魔芋的影响较小，吸收量也较少；钙对魔芋生长点的活动、根尖生长及养分吸收均很重要。肥料用量因土壤养分含量、芋种大小及种龄而异，一般1年生种芋每667米^{2}施氮8～11千克、磷5.5～7.5千克、钾7.5～12千克，2～3年生种芋，施肥量需适当增加。若以每667米^{2}产块茎2500千克计算，可施用氮25千克、五氧化二磷20千克、氧化钾30千克。基肥用量应占总施肥量的80%～90%。

表5-2　魔芋植株三要素含量 （%）

类　别	茎　叶		精　粉	飞　粉
	干	鲜		
氮	3.23	0.16	2.96	1.80
磷	0.8	0.02	0.92	0.78
钾	5.11	0.18	2.15	2.13

　　基肥应以有机肥料为主，化学肥料适当搭配。有机肥成分复杂，养分含量虽然比无机肥料低、肥效慢，但后劲大，保持时间

长，能满足整个生长发育时期的需要；而且有机肥含有机物质，而有机物质是改良土壤的有效物质，可使土壤形成团粒结构。有团粒结构的土壤，具有高度的蓄水、保水能力，并可有效地解决土壤保肥、供肥的矛盾。所以，整地时要多施有机肥作基肥，在此基础上再施些无机肥，才会彼此取长补短，充分发挥作用。

　　施肥时应特别注意各元素的配合。刘田才（1991）以硫酸钾（含有效钾 15%）、过磷酸钙（含有效磷 14%～16%）、尿素（含氮46%）、三元复合肥及猪牛粪为材料，分次施肥：第一次在下种时（作基肥）施全年肥量的 50%，肥料不加水、干施；第二次在 6 月底，施全年肥量的 20%（小区面积 6.7 米^2，肥料加水 15 升溶化）；第三次在 7 月底，施全年肥量的 30%（每小区加水 15 升），对照每小区每次施 15 升水。结果表明，施有机肥 7 500 千克/1 000 米^2·年，比对照增产 73.8%；混合施入硫酸钾 60 千克/1 000 米^2·年和过磷酸钙 45 千克/1 000 米^2·年，增产 56.1%（表 5-3）。所以，在整地时每 667 米^2 最少应施腐熟有机肥 5 000 千克以上、磷肥 50 千克、钾肥或饼肥 50 千克。魔芋是高淀粉作物，需钾肥较多，钾肥能促进光合作用和淀粉的形成积累，所以基肥中要搭配足够的钾肥。草木灰是一种速效性钾素肥料，作基肥施入土壤后，其水溶性钾可以变为代换性钾，不易流失。魔芋需磷较少，但缺磷土壤中，在基肥中加入磷肥后有明显的增产效果。基肥施入后要进行深耕。

　　沼肥是沼气池发酵的沼渣、沼液，是一种无污染、无杂菌、无残毒、高肥效的有机肥源，魔芋使用后可提高种芋发芽率，起到抑菌、防病、增产的作用。沼渣一般作基肥，播种时一次施入，每 667 米^2 施 250～300 担（50 千克/担）；沼液即沼气池中的上清液，用之灌施叶柄基部，一般施 2 次，分别在魔芋出苗期（6 月上中旬）和展叶期（6 月底）施入，每次每 667 米^2 施 50～60 担。在魔芋发病高峰期可喷雾 2～3 次，每次间隔 10～15 天。还可用发酵清亮的沼液浸种 1～2 小时。若采用沼液浸种＋灌根＋喷雾配合应用，则效果更好。必须注意，所取沼液必须充分发酵，沼气池

表 5-3 配方肥料对魔芋的增产效果

配方肥料	小区	氮（克）	磷（克）	钾（克）	氮磷钾（克）	有机肥（千克）	水（升）	下种量（千克）	收获量（千克）	折鲜货（千克/千米²）	平均鲜货（千克/千米²）	增产率（%）
氮磷	I	200	250	—	—	—	—	3.7	7.25	1087.5	947.5	125.1
	II	150	200	—	—	—	—	3.05	7.5	1125		
	III	75	150	—	—	—	—	1.55	4.2	630		
氮钾	I	200	—	500	—	—	—	3.7	7.8	117	1014	140
	II	150	—	400	—	—	—	3	8	1200		
	III	75	—	200	—	—	—	1.65	4.5	675		
磷钾	I	—	250	500	—	—	—	3.8	10.65	1597.5	1182	156.1
	II	—	200	400	—	—	—	3.3	8.15	1222.5		
	III	—	150	200	—	—	—	1.75	4.85	727.5		
氮磷钾	I	—	—	—	600	—	—	4.25	6.65	997.5	945	124.8
	II	—	—	—	400	—	—	2.95	8.3	1245		
	III	—	—	—	200	—	—	1.8	3.95	592.5		
有机肥	I	—	—	—	—	150	—	4.15	10.3	1545	1317	173
	II	—	—	—	—	100	—	2.95	9.15	1372.5		
	III	—	—	—	—	50	—	1.75	6.9	1035		
对照	I	—	—	—	—	—	15	3.95	7.5	1125	757.5	100
	II	—	—	—	—	—	15	3.45	4.8	720		
	III	—	—	—	—	—	15	1.6	2.85	427.5		

注：1000 米² 按 6 000 株计算产量，小区面积 6.7 米²，每小区 40 株，行株距 50 厘米×50 厘米。

能正常点灯，充分供气；沼液可以原液进行灌根和喷雾，喷雾时先用纱布过滤沼液，晾30分钟后再喷雾。喷雾时要谨慎，防止损伤植株。

魔芋施肥应重视培肥土壤和重施基肥。培肥土壤是以堆肥在整地时普遍施于土中；重施基肥以施肥量的70%～80%作基肥，在栽种时施于种植沟内或在沟旁另挖施肥沟施下，也可在5月下旬至6月上旬有少数芽开始伸出地表时施于土表，然后培土。凡春季升温慢、秋季降温快，生长季短的山区或后期易受干旱、风害威胁的地方，均应以80%以上甚至全量肥料作基肥施用，但以缓释性肥料为主；凡斜坡地、土壤保肥力弱者宜留20%～30%作追肥。基肥一般在栽种前10～15天施用，在两行种植沟之间挖施肥沟，将基肥与堆肥混匀施于沟内（图5-1）。也可挖深约10厘米的种植沟，斜放种芋后盖土，再施基肥，或待芋开始出土时结合中耕培土施基肥。还可先挖深12～15厘米的沟，在沟底施基肥，盖土厚3厘米，斜放种芋后再盖土。以上方法的共同点是基肥集中施用，接近种芋，但又不直接接触，肥料利用率较高，且不伤种芋。此法在四川盆地周围山区普遍采用，肥效较好。

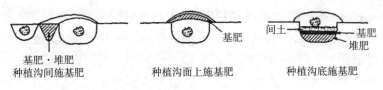

基肥·堆肥　　　　　　　　　　　　　　　　　　　　　间土　　　　基肥
种植沟间施基肥　　　　　种植沟面上施基肥　　　　　　种植沟底施基肥

图5-1　魔芋施基肥方法（渡部弘三绘）

4. 翻耕　魔芋根系分布范围不大，一般水平分布主要集中在距植株30厘米范围内，垂直分布大多在距地面6～25厘米的土层中。地要尽早翻耕，即冬前深耕，耕翻深度应达30厘米左右；春季浅耕，耙细糖平，并要做好排水沟，沟深以田间不积水为宜。

要实行轮作，连作不宜超过 3 年。对连作地应进行土壤消毒，一般每 667 米² 用生石灰 50～100 千克，均匀撒施后翻入土壤，施后 1 周播种。对于地下害虫严重的地块，用敌百虫 0.1～0.2 千克拌细土或粪肥撒施田间，翻耕入土，然后播种。

在雨水充足地区，采用高畦窄畦种植，畦宽 1 米包沟，畦高 15 厘米；在夏秋季降雨较少、常遭旱灾地区，采用宽畦浅沟植。若采用间套作方式，则不能让吸肥力强的作物与魔芋抢肥，应根据间套作物根系分布，适当安排位置，并对魔芋施肥上给予照顾。例如，与玉米或高粱间套作，应选高秆及株形紧凑品种，视该地块所需的荫蔽度在每畦或隔畦的畦旁另开播种行及施肥窝播玉米或高粱，其播种期或栽苗期均早于魔芋，而玉米、高粱属深根作物，可避免与浅根作物魔芋根系发展和抢肥的矛盾而达粮芋双丰收。若与幼龄经济林木间作，应依林木的行距决定行间几行魔芋，调节魔芋荫蔽度达 60% 以上。种植行不能紧挨树干及其主根，以免伤树根及与林木争肥。魔芋的栽植行应于冬季翻挖坑土，春季开畦理沟，务使整块林地四周及魔芋畦间相通，排水顺畅。

（二）种芋选择与处理

1. 种芋选择 选择芋龄较小、膨大率高的块茎作种芋。种芋的特点：①球茎应充分成熟，有沉重感，顶芽应充实粗壮。块茎呈椭圆形，横径大于纵径，上端大于下端。②芽窝和肩宽与球茎膨大倍率有关，芽窝不宜太深，肩宽者膨大率高。块茎上端凹陷，口平，呈一较光滑圆正的、浅陷的"凸形"。窝眼凹窝正中芽体完整、粗壮、端正。芽尖呈粉红色，有光泽，并略高出凹窝边缘，或与边平。③块茎上部有 1 圈折断或脱落须根的痕迹，下部和较突出的底面光滑，无须根。叶柄痕与肥大倍率有关，叶痕应小，凡超过球茎直径 1/2 者为劣品。④块茎颜色鲜亮，上半部呈灰暗色，下半部与底部呈灰白色。表皮光滑，无皱裂、疤痕、伤烂和霉变现象。

对"公芋"（即过早出芽、芽似号筒、长达4厘米以上、无叶、结籽的块茎）除特殊需要外，一般应淘汰。

魔芋的用种量大，每667米²下种量1000千克左右，种植成本高。因此，研究种芋大小与生产效果的关系至关重要。种芋大小对魔芋生产效果的影响常用"增值系数"（收获产品重量－种芋重量/种芋重量）表示。据试验，魔芋块茎在200克以下时，增值系数高，最高可达7.13；魔芋块茎在300克以上时，增值系数仅为2.3～2.5。种芋越大，投入效益越低。目前，生产中种芋的大小以重250～500克特别是重500克左右的为佳。小于250克的小块茎播种后多作翌年留种之用。必须注意，用500克重的大魔芋块茎作种，其块茎产品鲜重虽大但含水量多，因此也有人主张生产上以选用200克以下的小块茎作种为好。

2. 种芋处理

（1）**伤口处理** 凡经切块的种芋，要用草木灰或生石灰粉等涂抹蘸敷伤口，也可用烟火熏烤。对因机械受伤腐烂者，应切去败坏部分，伤口也应用草木灰蘸敷，防止细菌侵染，促进伤口愈合。

（2）**晒种** 播种前将种芋平铺地上，让太阳暴晒1～2天，利用阳光杀死部分病菌，并加速种芋养分的转化，提高发芽率，加速出苗。

（3）**消毒** 为减少种芋带菌，可将其置于40%甲醛200～250倍液中浸种20～30分钟，或在1%硫酸铜溶液中浸泡5分钟，或用25%多菌灵可湿性粉剂500倍液、50%甲基硫菌灵可湿性粉剂1000倍液浸种2～6小时，晒干后播种。

3. 破除种芋休眠

（1）**高温贮藏** 将魔芋块茎放在20℃～25℃环境中贮藏，可以缩短休眠期。如在20℃条件下贮藏，比在自然变温条件下贮藏的休眠期可缩短1个月左右。

（2）**化学处理**　孙远明等人试验，用0.5%～1.5%硫脲溶液浸泡块茎2～4小时，取出晾干，然后催芽，不仅可破除休眠，促进萌芽生根，而且还可使植株生长迅速，尽早形成一定的同化面积，延长生育期，提高产量。为防止种芋染病，可在硫脲液中加入适量的硫酸链霉素或多菌灵。用10毫克/升赤霉素溶液处理块茎，表面上能促进块茎顶芽萌发，但因诱导了花芽分化，成为花、叶并存的开花株，花序外形正常，但雄性败育，叶也呈畸形，裂叶少，部分裂叶呈暗绿色，失去栽培意义。用氯乙醇处理，初期对块茎萌芽生根有促进作用。用0.05%高锰酸钾溶液处理24小时，只有促进生根和消毒的作用。用硫氰酸钾及乙烯利处理，有抑制（延迟）魔芋萌发生长的作用。用1：8硫酸、5%过氧化氢及流水冲洗，对块茎萌发、生长有促进作用，但容易引起腐烂（表5-4、表5-5）。

4. 种芋催芽　催芽不仅可使块茎顶芽萌发整齐迅速，延长生长期，有利于块茎的形成和物质的积累，而且通过催芽，可进一步选择优良芋种，淘汰病劣种芋。同时，块茎集中催芽，可以推迟栽种期，缩短占地时间，有利于作物茬口安排。

催芽方法：播种前15～20天，将种芋置于温室、温床或阳畦中，床上铺湿沙，放一层种芋后再用沙或土盖严，然后再放第二层、第三层，最后盖上草苫。前10天温度保持20℃～25℃，后10天保持15℃左右，空气相对湿度75%。当幼芽开始伸长、新根将萌出时再取出播种。也可采用塑料薄膜小拱棚冷床（阳畦）简化催芽法：选地势高燥、排水好、土壤疏松、透气、无病虫害处作催芽地。催芽前15天，耕地晒土，然后做苗床，床长7～10米、宽约1.4米，周围挖排水沟。目前，软腐病发生严重，该病主要是种芋带菌和土壤带菌侵染。种芋带菌是新栽培区主要的初侵染源，所以对种芋消毒是极为重要的环节。长江大学周燚等人用不同药剂对种芋进行消毒试验，结果以1000万单位硫酸链霉素1000倍液出苗率最高，发病率最低，且有持续性。

表5-4　休眠解除期化学处理对魔芋萌发生长的影响　（单位：厘米）

处理号	试剂名称	浓度	3月21日			4月21日			5月21日			6月21日			7月21日		
			芽长	芽径	根数	芽长	芽径	根数	株高	叶柄直径	开张度	株高	叶柄直径	开张度	株高	叶柄直径	开张度
1	对照*	—	1.07	1.15	1.3	2.6	1.3	13.8	54.4	2.4	43.6	84.5	2.8	61.6	102.3	3.2	70.3
2	硫脲	0.5%	1.27	1.69	8.75	6.7	1.6	18.8	71.8	3.2	59.5	98.8	3.2	63.8	117.3	3.3	79.5
3	硫脲	1.5%	1.15	1.85	12.3	5.6	1.5	14.3	65.3	2.5	46.8	98.2	3.1	63.1	113.8	3.2	76.2
4	硫脲	3.0%	1.23	1.7	11.5	5.1	1.6	14.8	64.4	2.6	44.5	94.4	3	65	111.8	3.2	75
5	高锰酸钾	0.05%	1.13	1.3	13.5	8.4	1.3	13.8	50.4	2.1	38.6	84.4	2.6	59.6	100.6	2.8	59.8
6	高锰酸钾	0.1%	1.05	1.25	14.1	2.5	1.3	14.1	54.4	2.2	38.4	88.3	2.9	61.7	107.2	3.2	73.9
7	硫氰酸钾	0.1%	—	—	—	2.3	1.2	12	41.3	2.3	44.3	73	2.6	58.6	85	2.6	65.4
8	硫氰酸钾	1%	—	—	—	2.5	1.2	13.5	52.8	2.3	44.8	78	2.4	57.7	86.4	2.5	66.7
9	硫氰酸钾	2%	—	—	—	1.9	1.3	7.7	32.9	1.9	32.5	63.7	2.4	51.3	81.7	2.6	62.6
10	氯乙醇	1%	1.6	1.2	12.3	2.8	1.2	12.4	50.8	2.1	36.6	81.4	2.5	60	94	2.6	62.4
11	氯乙醇	2%	1.5	1.3	14	3.3	1.2	12.3	58.2	2.6	45.2	87	3	69.3	103.5	3	71.5
12	赤霉素（GA₃）	1毫克/升	1.3	1.7	3.3	5.2	1.7	14.5	—	部分植株成花							
13	赤霉素	10毫克/升	1.2	1.7	1.7	6.5	1.8	12.2	—	全部植株成花							
14	赤霉素	100毫克/升	1.3	2	1.2	15.2	2.2	15.8	—	全部植株成花							
15	赤霉素	1000毫克/升	1.06	1.4	1.2	6	1.6	10.3	—	全部植株成花							
16	乙烯利	100毫克/升	1.18	1.6	6.6	3.1	1.5	9.2	47.3	2.5	39	86.3	3	54.5	105	3	72.4
17	乙烯利	1000毫克/升	1.14	1.46	7	2.1	1.5	9.3	42.8	2.3	21	64.2	2.4	46.5	81.8	2.6	65.6
18	乙烯利	10000毫克/升	—	—	4	—	—	10.6	—	未出土	—	21.5	1.5	14.3	75.7	2.5	58.8

*试验设有3个对照，即分别用清水处理1.4小时和24小时，因其差异不明显，故归在一起。

表5-5 深休眠期化学处理对魔芋萌发生根的影响 （单位：厘米）

处理	1月10日		1月30日		2月20日		3月15日		3月30日	
	芽	根	芽	根	芽	根	芽	根	芽	根
对照	—	—	—	—	0.5	—	2.7	3.2	5.6	16
1∶8硫酸	—	—	0.8	1.2	4	1.5	15	20	腐	烂
5%过氧化氢			1.8	1.2	8.2	5	18.5	13	26	20
流水冲洗	—	—	0.7	1.1	3.4	1.7	13	9.2	25	24
1%硫脲	1.5	1.75	30	16	40	19	展	叶	—	—

　　王晓峰等在陕西省岚皋县试验结果证明，整薯催芽或主芽切块均能提前萌芽出土，提高产量，尤以整薯催芽的效果更显著。

　　催芽期为防止晴天升温烧坏芽子及种芽，必须在中午前及时揭膜或床盖，通风降温，待午后日照减弱，温度下降时再盖上。

　　播前，可用药剂浸种。方法：①硫酸链霉素1000万单位兑水25～50升，再加70%甲基硫菌灵可湿性粉剂50～100克，混匀后浸种20～30分钟。②0.5%～1%硫酸铜溶液浸种10～20分钟。③40%甲醛200倍液浸种30分钟。④77%氢氧化铜可湿性粉剂1000倍液，每667米^{2}用药液50升加1000万单位硫酸链霉素，浸种20分钟。⑤95%噁霉灵原粉（绿亨一号）、80%多·福·锌可湿性粉剂（绿亨二号），按说明兑水浸种30分钟。还可用高锰酸钾1500倍液浸种5～6分钟，或用1～2毫克/升赤霉素溶液浸种5～10分钟，或用10～15毫克/升ABT 4号生根粉浸种。为防治土壤害虫，用90%晶体敌百虫800～1000倍液喷洒床土。播种时，先取出厚约5厘米的床土，再将经过预处理的种芋斜着栽入床中，每个种芋间隔一指，覆土厚2～3厘米。播种后在床上插入竹竿做方形架，架高0.5米，架上覆塑料薄膜。温度保持25℃以下，最高不能超过30℃。晴天温度超过25℃时，及时揭膜通风。阴雨天一般不揭膜，仅将床畦两端薄膜揭起即可。如果温度低于5℃，则需加覆草苫防寒。湿度管理以块茎表面略呈湿润状态为准。待魔芋块茎长出根系时，即可移栽到大田。

（三）播 种

1. 播种期 魔芋的播种期必须在种球茎的生理休眠解除后和平均气温回升至12℃～14℃、最低气温10℃左右时。这是因为魔芋萌芽温度必须14℃以上，温度过低，芽受害萎缩；根伸长的温度为12℃以上，10℃以下根组织受冷，易木质化，妨碍伸长。我国产区的温暖地带，一般3月下旬种植；海拔较高、纬度偏北地区，4月份种植。品种不同，栽植期也不一，如花魔芋解除休眠快于白魔芋，萌芽所需温度稍低于白魔芋，因而同一地区花魔芋可稍早种植。

魔芋播种期分为两种：一是冬种。适用于冬季霜冻轻、冰雪少的地区。方法：秋末将魔芋挖收后立即播种，使其在地里越冬。二是春种。在高海拔、高纬度和高寒山区，冬季平均温度低，冰冻严重，魔芋块茎在地里容易受冻腐烂，必须进行春种。春种一般是在4～5月份，当气温回升至15℃以上时播种，播种不宜太早。

2. 播种密度 魔芋喜荫蔽、畏高温，密度小，叶面积指数过小，阳光透过叶幕空隙直晒土表，使10厘米地温升高达35℃以上，对根产生不利影响，且风害威胁更大，故适宜密植，一般调控到定形后的叶身互相重叠约1/3为度，"Y"叶形品种可较"T"叶形品种密植。魔芋种植密度与种芋大小关系密切，种芋愈大，栽植密度愈大。为了加强通风透气，且便于田间管理，一般采取宽行距、窄株距。日本经验，适宜密度的行距为种芋横径的6倍，株距为4倍（图5-2）。还应考虑地理条件，如为向南斜坡或较低海拔处，因易受高温、强日照危害，宜密植；相反，在高寒地区，日照较少，宜稀植（表5-6至表5-8）。

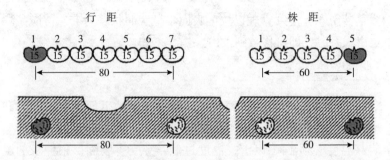

图5-2　魔芋行距、株距的计算　（渡部弘三绘）（单位：厘米）

表5-6　魔芋种芋种植密度参考

种芋大小（克）	密度（株 /667 米²）	行株距（厘米×厘米）
<10	20 000～25 000	33×10
10～20	12 000	33～15
20～30	10 000～11 000	33×17
30～50	8 000～10 000	40×（15～18）
50～100	5 000～6 000	40×（24～30）
150	4 500	60×25
200	3 000	60×38
300	2 200	60×50
500	2 000	70×50

表5-7　不同种芋年龄的栽植密度　（渡部弘三）

种芋年龄	种芋单个重	行距（厘米）	株距（厘米）	需种量（千克/公顷）
1 年生	6～12	50～60	10～15	1 900～3 000
2 年生	40～80	55～60	20～30	3 700～5 600
3 年生	150～240	60～75	30～45	7 500～
4 年生	600～	75～90	50～60	12 000～

表5-8　花魔芋用种量

种芋个体均重（克）	行距（厘米）	株距（厘米）	种芋个数/公顷	用种量（千克/公顷）
100	60	25	67 000	6 700
150	60	31	54 000	8 100
200	60	38	44 000	8 800
300	60	50	33 000	10 000

3. 播种量　魔芋用种量大，生产周期长。如何降低成本，提高投入产出比，获得大的个体，是亟待解决的问题。研究表明，种芋大小对叶柄高、叶柄粗、叶长、叶宽及产量有较大的决定作用。在种芋大小为50～450克范围内，叶柄高度、叶柄粗度、叶长、叶宽、株幅、单株叶面积等，随种芋增大而增加，单株产量及小区产量也随种芋增大而增加。所以，在条件允许的情况下，选择350～450克大种芋作种，可达到高投入、高效益的效果。综合考虑山区经济条件和农民的栽种习惯，以选用中等偏大即250～350克种芋作种较好（表5-9）。

表5-9　种芋大小对魔芋生长及产量的影响

种芋大小（克）	叶柄高（厘米）	叶柄粗（厘米）	叶长（厘米）	叶宽（厘米）	小区产量（千克）
450	59.9	3.05	60.4	51.9	28.65
350	46.3	2.59	50.7	44.1	22.32
250	39.7	2.32	47.1	41.1	17.03
150	38.3	2	44.1	38.4	10.55
50	28.2	1.55	35.3	29.5	4.30

4. 播种方法　魔芋块茎上端有一凹陷的芽脐，其凹陷程度随着块茎的增大而加深。芽脐容易积水，积水后常使芋芽和块茎腐烂。

因此，栽植时应按芽脐的深浅不同，采用不同的倾斜角度。商品芋栽培时使用的种芋，一般较大，芽脐较深，栽植时茎芽应向上倾斜，最好面向东方，即向日出方向倾斜，这样既可避免雨水等积留于芽脐周围，又可尽早接受阳光，提高温度，促进出苗。芋种不能倒栽，否则影响出苗。

用芋鞭作种播种时，顶芽宜朝向一边，一根接一根播下。有些地方播种时，先将种芋包于稻草或杂草团中，再将种芋同草团一起埋入土中，这样既可保护种芋，草团腐烂后又能使土壤疏松、肥沃，有利于魔芋生长。但生长初期，草团腐解过程中，要消耗一些氮素，所以应及时补充氮肥。

魔芋播种深度一般以块茎上部位于土表下 3～5 厘米为宜，过深，不利于幼苗生长，出苗迟，产量低。播种时最好用火烧土盖种，这是因为土壤经过熏烧后肥分多，尤其含钾量丰富，又无病虫，用它盖种效果更好。

魔芋生长快，喜肥，除施基肥外，栽种时每 667 米^{2}应施腐熟厩肥 1 500～2 000 千克、过磷酸钙 20～25 千克、尿素 5 千克作种肥。必须注意，肥料不要直接接触种芋，防止烧芽。生产中，农民常用"隔山"施肥法，即将肥料施入播种沟内，播种穴的下部填一层土后再放种芋，然后在种芋上少盖些土，土上面再施肥，肥上再盖土。

魔芋播种后至出苗前，正值春末夏初，常遇低温阴雨，不利于出苗，甚至发生冻害。因此，播种覆土后，最好再盖一层厚 3～6 厘米的山青（山里青草）或稻草，待其腐烂后再加盖一层，这样既可保持土壤疏松湿润，不生杂草，又可增加土壤营养。

5. 栽植方式

（1）**垄作** 适宜在较平坦的地块应用。方法：按 50 厘米的行距开沟，沟深 5 厘米。按株距 40 厘米播入种芋，主芽向上，每株种芋上及周围施有机肥约 2 千克、磷肥 0.1 千克。由两边拢土做垄，垄高 12～20 厘米，垄底宽 25 厘米左右。

（2）**穴植** 适宜坡地应用。种植时，按 40 厘米见方挖穴，穴深 25 厘米、宽 25 厘米。在回填土中拌入 30% 腐熟有机肥和 0.1 千克磷肥，将种芋主芽向上，放入坑的中央，覆土厚 10 厘米。云南推广斜三窝双行栽植法和众星捧月栽植法，前者是在垄的两边间种玉米，中间呈三角形栽植魔芋。间作玉米的株距 20 厘米，块茎株距 33 厘米，玉米与块茎间的行距为 20 厘米。众星捧月栽植法，即是对大小整齐的种块，在间作玉米大行中间种 1 行大块茎（株距 50厘米），每一个大块茎周围密植小块茎，其密度根据块茎大小确定。

（3）**堆栽**　适宜土质较黏的平地应用。方法：按 40 厘米 × 40厘米的株行距，将种芋置于地面，主芽向上，每个芋种上覆盖有机肥 2 千克、磷肥 0.1 千克，然后由周围壅土做堆。

（4）**大小种块间栽式**　将魔芋大粒种块与小粒种块互相间隔种植，行株距 46 厘米 × 19 厘米，每畦 3～4 行，使地上部分形成多层次结构。其优点：可以充分利用光、温资源；夏季高温干旱期还可减少地表水分的蒸发，提高产量；同时，选用不同大小的块茎间栽，收获后大块茎作商品，小块茎留作种用，逐年繁殖，可以争取持续增产。

（5）**宽畦统种撒栽式**　这是一种普遍采用的宽畦温床式种植法。种植时，先把上层土壤向四周拨开，修成宽幅播种畦，畦内下层填入充分腐熟的农家肥作基肥，其上覆盖一层薄土。然后，把大小种块混合撒播，再均匀地撒下肥料，覆土盖草。这种方法，占地少，但密度不匀，出苗后容易发生强苗欺弱苗的现象，生长不整齐，影响产量。所以，一般是在种芋分级时，将淘汰的小种块用统种撒栽式种植，作繁殖种芋用。

（6）**包衣技术**　魔芋病害大多为土传，侵染途径多，防治难度大。种芋包衣是一项把运输中受伤种芋的处理、防病虫、消毒、贮藏融为一体的综合处理技术，即在种芋表面包裹一层由成膜剂、抑菌剂、营养剂、植物生长调节剂等多种成分加工制成的复合剂。种芋包衣后有药膜保护，药剂释放后可直接杀灭病原菌，并利用成膜剂的作用，把种芋紧紧包裹，阻断种芋与外界及土壤中病原菌的直接接触，防止病原菌侵入。同时，种衣剂中具有有利于生长发育的养分、微量元素和植物生长调节剂等成分，所以包衣种芋发芽快、生长发育好、产量高。华中科技大学生命科学与技术学院已经筛选了2种魔芋专用的种衣剂配方，并初步建立了包衣技术的工艺流程。陕西秦巴山区还制作了一种魔芋防病药袋：选择防病效果好、理化性状相对稳定的高效低毒杀菌剂，稀释后加入一定量的微量元素和凝固剂，制成营养药液。用机械将药液均匀涂抹在包装纸上，根据芋种大小，制成3种不同规格的防病药袋。也可将药物按照一定比例直接掺入纸浆中制成药纸，然后制袋，效果更好。在贮藏或播种前，将种芋晾晒失水后，逐个装入药纸袋内，每袋只装1个球茎，然后封口即可。在陕西岚皋县城关镇水田村设4个处理，1月23日、2月15日、3月15日和4月20日套药袋播种，3月15日不套药袋播种。出苗后从6月10日起每隔10～20日调查1次发病情况。结合试验，先后在陕西、湖北、重庆、四川和贵州5省（直辖市）的8个县（区）进行魔芋防病药袋大田应用试验示范。结果未套药袋直播的发病早，各生育期病株率均高。8月上旬，套药袋各处理较直播病株率降低13%～24.39%。同一播期随着魔芋的生长发育，药袋的防治效果有所下降。套药袋各处理间，随着播期的推迟，发病时间相对推迟，防效提高。大田示范套药袋栽培，出苗较对照提早2～3天，平均出苗率较对照高出5%以上。相对防效62.27%，略高于试验，平均增产10%。魔芋软腐病，对生产影响很大，采用防病药袋可杀灭种芋携带病菌，有利于安全调运和贮藏，药效期长，还避免了种芋之间相互侵染。防病药袋方法简单，使用方便，科学合理，效果较好，目前中国魔芋协会已推荐各魔芋产区扩大示范应用。由于秦巴山区早春寒严重，早播易受冻害而损伤生长点，所以套药袋播种期应为3月中旬至4月中旬。

（7）**不同处理对魔芋生长和产量的影响**　云南农业大学赵庆云等人，2005年4～12月份用花魔芋"楚花2号"设7个处理，分别为：A. 硫酸链霉素处理，播前用72%硫酸链霉素可溶性粉剂

3 000 倍液浸种 30 分钟，出苗后用同浓度药液进行叶面喷雾；B. 纯
碱处理，播前用纯碱 200 倍液浸种 30 分钟，出苗后用同浓度药液
叶面喷雾；C. 施石灰粉，播种时用石灰粉 50 千克 / 667 米² 施于播
种沟中，出苗后撒施于植株基部；D. 施硫酸钾，播种时将硫酸钾
20 千克 / 667 米² 施于播种沟内，出苗后穴施；E. 清水处理，播种
时用清水浸种 30 分钟，出苗后用清水叶面喷雾；F. 低温冷藏种芋，
将种芋放置 5℃冰箱冷藏 30 天后播种；G. 覆膜种植，播种后进行
覆膜。每个处理播种芋 40 个，随机排列，重复 3 次。4 月 14 日播种，
11 月 20 日收挖，测产。结果表明，不同处理对魔芋种芋萌发出苗
影响很大，覆膜处理出苗最早，低温处理最晚。但由于膜内高温高
湿，易导致软腐病的发生。因此，生产中可在幼苗生长中期（发病
前）适时揭膜，这样既有利于魔芋的萌芽出苗，又可减少病害的发
生。低温处理虽推迟魔芋的萌芽出苗，但对魔芋生长发育影响不
大，而且对魔芋软腐病防治有特效，能获得较高产量（表 5-10，表
5-11）。魔芋是需钾较多的作物，栽培中增施钾肥可满足其生长需
要，增强抵抗能力，从而增强抗病能力，提高产量。可见，通过低
温处理种芋、增施钾肥等栽培措施能较好地控制魔芋软腐病的发
生，减少化学农药的使用，达到高产、优质、高效的目的。

表 5-10　不同处理对魔芋出苗、幼苗生长及发病的影响　（赵庆云等，2007）

处　理	出苗时间 （日/月）	出苗天数	株　高 （厘米）	基部粗 （厘米）	叶片长 （厘米）	田间发病率 （%）
A	30/5	37	36.43	2.32	42.57	10
B	2/6	39	33.2	2.22	41.93	30
C	29/5	39	31.53	2.16	41.57	20
D	1/6	30	31.46	2.23	43.63	10
E	29/5	35	33.37	2.21	44	35
F	13/6	40	39.09	2.3	43.96	11
G	18/5	23	33.3	3.19	45.7	57

注：品种为云南红魔芋楚花 2 号，4 月 14 日播种，11 月 20 日收挖。

表5-11 不同处理对魔芋地下部分的影响 （赵庆云等，2007）

处　理	单茎重（克）	最大球茎重（克）	单茎芋鞭数（根）	单鞭重（克）	芋鞭长（厘米）	产量（千克/667米²）	比CK±（%）
A	412.5	770	2.5	10.71	14	2 351.4	24.3
B	363.8	1 000	3.4	8.89	15.5	1 380.4	−27
C	345	850	4.1	8.64	15	1 964.8	3.9
D	371.3	1 000	3.8	7.33	16	2 103.7	11.2
E（CK）	330	940	2.5	10.4	21	1 891.3	—
F	400.9	809	3.3	9.4	20.3	2 093.9	10.7
G	512.6	876	3.7	9.12	23.7	1 262.2	−33.3

注：品种为云南红魔芋楚花2号，4月14日播种，11月20日收挖。

（四）间作套种技术

魔芋最忌强烈持久的直射光。光照过强，超过了魔芋光饱和点，会使光合效率降低。同时，长时间的强光照，还会引起环境温度急剧升高，造成叶部灼伤，加重病害。在日照较强的地区栽培时，可以与玉米等高秆作物和林木、果树进行间作套种，形成上有高秆作物和林木果树、下有魔芋的立体种植模式，既满足了魔芋需遮阴的要求，又节约了土地，提高了单位土地的利用率和产出率。下面介绍几种魔芋立体栽培模式。

1. 魔芋、玉米立体栽培 玉米行距2米，株距15厘米；每2行玉米间种4行魔芋，魔芋株行距40厘米×40厘米，每667米²种植魔芋2 988株。平地垄作，坡地穴植。也可做1.3米宽的畦，种2行玉米，行距1米、株距15厘米，然后在2行玉米间种2行魔芋，行距40厘米、株距15厘米，沟宽30厘米。使玉米叶面积系数达到0.8～1.2为宜，低于0.8，荫蔽度不够，会灼伤魔芋叶片；高于1.2，荫蔽度过度，光合作用降低，生长弱，产量低。如果遮阴太多，可将玉米中下部位的叶片剪除一些。

2. 魔芋、油菜、玉米立体栽培　年前冬季种油菜，翌年 3 月下旬在油菜地挖穴种魔芋。魔芋株行距 40 厘米×40 厘米，每种 4 行魔芋预留 1 条玉米行，玉米行距 2 米。油菜籽收后，在预留的玉米行内，按株距 20 厘米种玉米，每 667 米² 种植魔芋 2 988 株。陕西省安康市金淌乡田桠村郑世富种植魔芋 1 533.3 米²，其中间套油菜，收菜籽 260 千克；油菜收后移栽玉米，收玉米 906 千克；产鲜魔芋 6 000 千克。

3. 魔芋、猕猴桃立体栽培　猕猴桃株行距 2 米×2 米，在猕猴桃行间距植株 80 厘米外种植魔芋。魔芋株行距 40 厘米×40 厘米，每 667 米² 种植 1 600 株左右。

4. 魔芋、桑树立体栽培　桑树林内距树主干 0.8 米外种魔芋，魔芋株行距 40 厘米×40 厘米，每 667 米² 桑园内种植魔芋约 2 000 株。陕西省安康市城关李兴仁用 833.3 米² 桑园套种魔芋，养蚕 2.5 张，产茧 62.5 千克；收魔芋 2 600 千克。

5. 魔芋、苹果（梨）立体栽培　1～3 年生果树，株行距 2.5 米×4 米，每一条果树行间种 5 行魔芋，魔芋株行距 40 厘米×40 厘米。4～6 年生果树，株行距 4 米×5 米，每一条果树行间种 6 行魔芋，魔芋株行距 40 厘米×40 厘米。

6. 魔芋、桃树（枇杷）立体栽培　1～3 年生果树，株行距 2 米×3 米，每一条果树行间种 5 行魔芋，株行距 40 厘米×40 厘米。4～6 年生果树，株行距 3 米×4 米，每一条果树行间种 5 行魔芋，魔芋株行距 40 厘米×40 厘米。

7. 魔芋、黄瓜（菜豆）立体栽培　魔芋播种后出苗较慢。4 月中下旬，魔芋尚未出苗时，在魔芋畦旁种植 1 行黄瓜或菜豆。5～6 月份，当魔芋地上部尚未旺长时，黄瓜、菜豆等已近结束，可以剪除，不仅对魔芋生长无不良影响，还可以为魔芋遮阴。

8. 魔芋间作套种小菜　魔芋生长前期，行间可适当间作小白菜、苋菜和小葱等，利于保墒，可促进魔芋提早出苗和长壮苗。魔芋出苗后，随着魔芋植株的长大，叶未茂密时采收小菜。

（五）田间管理

1. 追肥 魔芋生长期长达150多天，甚至超过200天，其间凡出苗早、叶柄粗壮、叶色浓绿、回秧倒苗迟的产量均高。魔芋追肥原则是生育前半期应供给充足养分，确保地上部生长旺盛；而后半期（7月下旬至以后）在维持有效供给必要的养分条件下，应减少施肥，使植株逐渐减少吸肥量，以求获得肥大而充实饱满的球茎、根状茎及小球茎。为促进植株生长，延长叶片寿命，除施足基肥外，还要适时分期追肥。出苗后，每667米^{2}撒施尿素或硫酸铵15～25千克，施后浅中耕，松土保墒。也可在距植株15厘米左右，开挖1条深约5厘米的环状沟，每株顺沟施入稀人粪尿1.5千克，或1%～2%尿素，或三元复合肥溶液1千克，然后将沟填平，松土保墒。6月下旬，地上部旺盛生长期，再撒施1次腐熟厩肥、垃圾土、灰肥混合肥，或三元复合肥，施后培土，促进块茎肥大。9月上旬，白露节前后，每667米^{2}追施畜粪1 000千克，或硫酸铵10～15千克，保护叶片，防止早衰。

应特别强调的是，魔芋是球茎作物，喜钾肥。增施钾肥可以取得良好效果，尤其能增强魔芋的抗病能力。一般应于魔芋展叶时，每667米^{2}地面撒施钾肥10～20千克、尿素10～20千克作追肥，然后培土12～15厘米厚，并且盖草。

追肥时注意不能污染叶柄和叶片，以免植株被灼伤。

生长期间，还可用0.2%～0.4%磷、硼混合液或0.3%尿素溶液，于早晨日出前或下午日落后，或阴天均匀喷洒叶面，最好喷洒到叶背面。因为叶背面有气孔，气孔是养分进入叶片的通道。喷施时最好在肥液中加入一些展着剂，如十二烷基苯磺酸钠或中性洗衣粉等。展着剂是大分子的有机化合物，既喜水，又喜脂，能把水溶液和叶片的蜡质粘在一起形成液膜，粘贴到叶片表面，以利于养分进入气孔。

2. 除草培土 魔芋为浅根作物，很少中耕，尤其不宜深中耕，以防伤根。有草时要随时拔除，也可用除草剂清除。每公顷可用 20% 百草枯水剂 3～6 千克或 50% 莠去津水剂 3～8 千克兑水（按说明书）喷雾土壤，在魔芋冒尖出土达 5%～10% 时施用为宜。

为了防旱防涝，增大土壤温差，应结合施肥，及时分次向植株周围培土，培土总厚度为 6～10 厘米（图 5-3）。培土后，继续向畦面盖草，减少水分蒸发，防止杂草滋生。

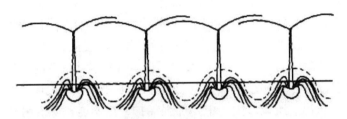

图 5-3　魔芋培土效果　（渡部弘三绘）

注：实线表示培土前的表面，虚线表示培土后的土表面。

3. 灌溉与排水　魔芋既怕旱又怕涝。从全生育期需水规律看，苗期植株矮小，叶面积不大，耗水量少，加之块茎中含有大量水分，所以需水不多。只要经常保持土壤湿润，利于扎根即可。7～8 月份是块茎膨大盛期，植株高大，蒸腾作用旺盛，需水量大，如果气候干旱，宜在早晨或傍晚及时浇水，严防植株失水萎蔫。入秋后，气温日渐降低，需水量减少，可以少浇或不浇。但切勿过分缺水，防止叶片早衰。同时，魔芋怕渍，雨天要注意排水。

4. 覆盖　覆盖是魔芋栽培管理中的重要措施，它可以减少土壤板结、干旱、地温上升和病虫害的发生，能起到显著增产的作用。覆盖用的材料种类较多，以杉叶和野干草最好，麦秸、谷草、落叶等次之，堆肥、青草、稻壳等紧实材料较差。必须用紧实材料时，可在地上铺些竹枝，再将覆盖材料撒在上面，或与其他松软材料混合使用。一般在种芋播种后，及时覆土并随即盖一层山青，厚 15～20 厘米，每 667 米² 铺盖约 50 千克，做到铺后不见土。待山青腐烂后，要另加盖一层。盖草的好处在于：保持土壤湿润，前期促进出苗，后期有利于球茎膨大；消灭草害，盖草对抑制杂草生长效果明显，不仅节省大量拔草用工，而且不伤害魔芋根系，土壤疏松、通气性好，不板结；避免雨水反溅，减少病害传播。

在荫蔽条件下，一般每 667 米^2 至少盖草 750 千克。日照长而强的南面坡地，应盖厚些；反之，则薄些，以不过分密闭土表为度。9 月份气温下降时，可除去覆盖，使土壤吸收更多的阳光，保持地温，以利于植株生长和块茎发育。

5. 除花保叶 魔芋开花结果，要消耗大量养分，所以应将花序柄除去，以促进新芽萌发。魔芋一般只长 1 片复叶，且再生力差，叶片的寿命达 4～5 个月，生长中不会出现新老叶更替的现象。叶片是进行光合作用的器官，是块茎肥大的基础，如果损坏，不易另行重新长出。所以，生产中要加强保护，更不能割除。另外，在生产过程中，还要设法防止叶片的衰老。张兴国等用离体叶片，分别漂浮在盛有蒸馏水和 10 毫克/升细胞分裂素（KT）及脱落酸（ABA）的培养器皿中，在温度为 25℃的黑暗条件下，处理 4～5 天后分析测定，发现细胞分裂素可延缓离体魔芋叶片的衰老，表现为叶绿素、蛋白质和核糖核酸（RNA）消光值含量的降低较对照（H_2O）缓慢，而脱落酸则加速了离体叶片的衰老。衰老叶片中叶绿素 a、叶绿素 b 和蛋白质含量明显比正常叶低，蛋白质分解加速。细胞分裂素延缓叶片衰老的作用对生产颇具指导意义。

6. 药剂灌根，清除中心病株 魔芋出苗后，随着植株生长，田间温度逐渐升高，病害侵染逐渐加快。为此，当魔芋齐苗后，用 64%噁霜·锰锌可湿性粉剂 800～1 000 倍液，或 2%嘧啶核苷类抗菌素水剂 400 倍液灌根，每株灌药液 100～150 克，使种芋和叶柄周围形成药剂保护层，防止苗期发病。

魔芋出苗后，经常观察，当田间中心病株出现时，将其及时拔除，带出田外集中烧毁。对病穴灌洒 50%甲基硫菌灵或 50%多菌灵可湿性粉剂 400～500 倍液，或每 667 米^2 撒施生石灰粉（拌入 2%硫磺）20～30 千克消毒，防止病原菌传播蔓延。

第六章

魔芋采收与贮运

一、魔芋采收

（一）产量预测

吴万兴等人对大量成熟期魔芋单株产量和叶柄基茎调查结果进行回归分析研究，发现魔芋产量与柄茎呈正相关，遵从 $y=a+bx$ 直线回归方程。方程中参数 a、b 与气候、土壤等因素有关。陕西省南部山地种植的魔芋，回归参数是：$a=-1.81$，$b=0.93$。陕西省渭河流域种植的魔芋，回归参数是：$a=-0.93$，$b=0.58$。预测产量时，只要量出叶柄基茎（x）的数值，即可计算出单株平均产量（y），并预测出总产量。

（二）收获期

10月份以后，地上部停止生长，叶片逐渐枯黄，地下部则仍在继续生长。这时虽可以收获，但块茎不充实，产量低，品质差，也不耐贮藏。11月中下旬，当地上部全部枯死，根状茎（芋鞭）与球茎完全分离，昼夜平均温度在12℃以下，为最佳收获期。挖收过晚，植株地上部已腐烂，标记不明显，挖收时易挖伤块茎，造成损伤，使魔芋染病烂种。同时，已进入初冬，霜冻出现，特别是当5天平均最低气温低于5℃时，容易发生低温障害，造成冻伤，收获后易于腐烂。

魔芋块茎带土多，块茎含水量大，伤口易感染，难愈合。因此，挖收应在晴天或土壤干燥时进行。

魔芋可一次性收获。南方及冬季不太冷的地区，也可随用随挖，一直留至翌年 3 月份。留种用的，宜根据当地气候和种植时期收获。秋季种植的，叶枯后即可随挖随种；春季种植的，一般在叶枯后 15 天左右进行挖收。

（三）收获方法

宜择晴天挖收魔芋。先将叶柄从地面割下，可直接切碎、煮熟，或加少许灰碱除毒后喂猪。也可用土窖、缸、甏等进行密闭青贮，青贮时不必加碱。青贮过程中，能自然消除毒性和麻味，然后作饲料。

魔芋块茎入土较深，体积大，质地较疏脆，收获时应按植株位置的标记逐株挖收。从距植株 15 厘米之外下锄深挖，小心刨出，细挖轻放，避免损伤，防止伤口氧化变褐或染病腐烂。块茎挖出后，摊晾在地面，掰去芋鞭，除净泥沙，晾干后按大小分级，分别贮藏。

二、魔芋贮藏

（一）贮藏期间的生理变化

刚收获的魔芋，含水量高，块茎难免受伤，从而导致大量腐烂。经 2 周预处理后仅表皮受损伤的块茎腐烂率为 2%，深层受伤的腐烂率为 5%，而未预处理的仅表皮受伤的块茎腐烂率为 60%，深层受伤达 60%。经预处理后完好的魔芋块茎，在 5℃、10℃、20℃这 3 种温度下贮藏 4 个月后，腐烂率皆为零。在 20℃贮藏的块茎，45 天后在 12 月下旬芽开始萌动，但不迅速伸长；3 个月后在翌年3月上旬顶芽才伸长，根也相继出现。5℃以下的块茎表面较湿润，在贮藏后期，顶芽受害变褐，个别出现烂疤。10℃以下的块茎则无萌芽，也无烂疤或寒害现象，显然5℃和20℃是不适宜的贮藏温度。

魔芋块茎成熟收获后，贮藏期间的生理变化过程分为以下4个阶段。

1. 后熟期　从收获起至11月下旬，历时1个月左右。此期，是休眠初期，块茎含水量高，伤口未木栓化，呼吸及蒸发作用较强，代谢作用旺盛，酶活性较强。因气温高，水汽容易积聚而引起块茎腐烂。

2. 休眠期　从11月下旬至翌年1月上旬。此期，块茎呼吸作用减弱，生理代谢不旺盛，处于深休眠期，对外界环境条件适应性强，在任何条件下均不会萌动。

3. 休眠解除期　从12月下旬或翌年1月上旬开始，到2月下旬或3月上旬结束，历时2个月。此期，呼吸作用仍很弱，葡甘聚糖酶、淀粉酶活性几乎没有变化，但过氧化酶活性逐渐下降，而多酚氧化酶活性略为上升。若环境条件适宜，块茎可以萌动，但不伸长，而处于相对静止状态，是一个破坏休眠的过程。

4. 芽伸长期　此期一般在2月底以后。休眠已解除，只要环境适宜，萌芽即可伸长、生根，形成植株。需要继续贮藏的块茎，贮藏的温度要低，不能超过发芽起点温度15℃。

（二）贮藏的关键技术

1. 适时挖收　作种用或需较长期贮藏的块茎，应在地上部倒伏一段时间，块茎充分成熟后挖收。挖收最晚的时间，应掌握在温度不低于5℃。挖收尽可能在晴天进行。

种芋受伤是造成贮藏期间发生腐烂及栽后发病的最重要原因。感病病原主要是软腐细菌。因此，从挖收起就应特别注意避免种芋受伤，并尽量选择晴天进行挖收、搬运和入藏。刚收获的球茎，特别是早挖收、个体肥大的球茎含水量高，皮嫩肉脆，极易外伤内裂，导致软腐病病菌侵入，引起腐烂。

2. 干燥与愈伤处理 魔芋含水量大，挖收后，因去掉根状茎，或挖收时造成伤口，贮藏后常导致大量腐烂。所以，收获后，应晒 1～2 天，使块茎表皮干燥，并进一步木栓化。之后在 15℃～20℃ 条件下风干 10 天左右，使块茎减重约 15%，待其伤口愈合时再贮藏，可防止腐烂。

3. 分选与分级 将畸形、损坏、感病的块茎剔除，并根据生长年限将块茎分级，以利于贮藏管理。

留种用的魔芋，应选性状好、具有本品种特征、适应性强、产量高、较抗病或耐病的球茎。同时，要求大小均匀，成熟度好，顶芽要短、粗壮，表面光滑无创伤、无病虫害；色泽上半部褐色、下半部浅褐色，重量为 100～150 克。贮藏前对种芋翻晒 3～5 天，用 72% 硫酸链霉素可溶性粉剂 300 倍液，或草酸 800～1 000 倍液，或 50% 多菌灵可湿性粉剂 1 000 倍液，或 40% 甲醛 200 倍液，或 50% 代森铵可湿性粉剂 1 000 倍液浸种，待药液晾干后贮藏。还可用生石灰、草木灰、硫磺粉按 50∶50∶2 的比例拌种。经以上处理可有效杀死种芽上的病菌，使贮藏更安全。

4. 温度与湿度 魔芋块茎贮藏温度以 8℃～10℃ 为最合适，在此温度下，块茎不萌动，也无烂疤。在 20℃ 条件下，块茎过早生根、萌芽，形成"老化芽"，不但损耗球茎的养分，且对低温的抗性也大大削弱，严重时有低温枯死情况。同时，过早发芽生根会因根系的枯死而导致软腐病病菌侵入，对生长发育带来不利影响。在 5℃ 以下容易引起冷害，顶芽受害变褐，个别出现烂疤。低于 0℃ 时，块茎会受冻，进而腐烂。温度过高，呼吸作用加强，水分散失快。同时，块茎顶芽过分伸长并开始生根，形成老化苗，不抗低温，容易枯死。根枯死后，更易导致腐败，而且在高温高湿条件下，病害也多。所以，贮藏期间，温度以 8℃～10℃ 最为适宜，最高不宜超过 20℃，最低不低于 5℃。贮藏后期，可把温度控制在 12℃～20℃，以促进顶芽萌动。

据董坤研究，魔芋贮藏期间失水率与时间成正比关系，时间越长失水率越高，一般种芋越大失水率越高，贮藏 5 个月后，10 克的种芋失水率最低为 20.56%，500 克的失水率最高为 38.95%。

提高空气湿度能减少球茎水分自然损耗，但湿度太高时，又会引起腐烂病的蔓延而造成重大损失，尤其是在高温（30℃～32℃）、高湿（空气相对湿度 90% 以上）条件下，软腐病特别容易蔓延。魔芋贮藏期间，空气相对湿度以 60%～80% 为好，有利于保持魔芋的鲜度。如湿度过小，块茎萎蔫，重量减少，品质降低，且伤口不易愈合，增加染病机会；湿度过大，同样会导致病害的发生。

日本为了能周年提供鲜芋制作全成分的凝胶食品，将球茎贮藏于 0℃ 条件下，虽球茎冻死，不能作种，但葡甘聚糖及其他成分无损。这与种芋贮存的原理、要求和方法完全不同。

5. 空气 贮藏期间，魔芋仍在不断地进行呼吸，尤其是温度高时呼吸作用很强。呼吸需要氧气，如果氧气不足，魔芋会进行无氧呼吸，发生酒精中毒，使芋块腐烂。因此，贮藏过程中要注意通风换气（表 6-1）。

表 6-1 魔芋贮藏期间呼吸强度变化 （毫克二氧化碳 / 千克·时）

处 理	测定日期（月·日）									
	11·5	11·20	12·5	12·20	翌年 1·5	1·20	2·5	2·20	3·5	3·20
预处理	13.7	—	—	—	—	—	—	—	—	—
5℃	—	5.9	6.5	6.3	6	6.1	6.4	6.2	6.3	6.4
10℃	—	10.4	6.3	5.8	4.4	5.6	5.6	4.87	4.5	4.9
20℃	—	12.7	6.2	6	6.7	6	6.2	6.8	8.6	—

（三）贮藏方法

1. 自然越冬贮藏 又叫宿地留种。魔芋当年不挖收，秋末植株枯萎后，地面用稻草或树叶全面覆盖，厚度约 15 厘米。草上盖些泥土防寒，令其自然越冬，翌年边挖收边播种。该法适宜于冬季不太严寒的地区应用。

2. 窖藏 选坐北朝南、温暖、干燥处挖窖。窖挖好后，先用干草猛烧烘烤一遍，或撒些硫磺粉，或喷来苏儿、新洁尔灭等消毒。待水汽干燥后，在窖底铺一层谷草、麦壳或干沙，厚 5～6 厘米。然后，将魔芋晒 1～2 天后，再入窖。入窖时，芽向上，放一层魔芋，上面撒一层谷壳或干沙，按此顺序一层接一层地装至窖深的 4/5 处，再撒一层谷壳。窖堆中竖直置 1 根直径约 30 厘米粗的通气筒。窖上不加盖，以便散发湿气。

3. 坑藏 在背风向阳、土壤干燥处挖坑，坑深、宽各 0.6～1 米，长度依贮藏量而定。坑底及四周先铺一层干沙或干草。将芋晒 1～2 天后，放入坑内，芋上再盖一层干沙或干草、厚约 15 厘米。一层芋、一层沙或草，至满，使最上层的芋在冻土层下 10 厘米处即可。在坑中央，每隔 50～80 厘米，竖放 1 束秸秆或 1 根通气筒。芋上盖细沙，使之与地面相平，沙上再盖干土、厚约 16 厘米，略高出地面。堆上搭防雨棚，四周开排水沟，防止雨水流入坑内。

4. 筐藏 筐中铺一层麦秸或谷壳，再装一层魔芋。如此一层魔芋一层草，直至装满后，用谷壳或麦糠盖严，挂于室内。还有采用竹楼烟熏法贮藏，即将魔芋排放在农户灶房的竹笆楼上，利用做饭柴火燃烧增加室内温度，减少湿度。

5. 地面堆藏 此方法在冬季不太冷的地方采用。在室内地上铺一层干草或细土或细沙，将魔芋顶芽向上摆一层，再铺草或铺沙，再摆魔芋，共 3～4 层，高约 40 厘米，宽约 100 厘米。最后盖草或沙、厚约 20 厘米，防寒保温。也可在地面上铺一层湿河沙、厚约 7 厘米，将魔芋芽向上平放一层，再盖一层沙，共 3～5 层。上盖干草，必要时在草上覆盖一层薄膜。

　　也可采用楼板堆藏法，即在农户灶房内的竹楼或木楼板上，先放一层谷壳，再堆一层种芋，共堆放3～4层；也可在箩筐中垫谷壳装种芋，每层间及最上面均盖谷壳，悬挂在烟囱旁保温。但应注意留一定距离，以防温度过高，灼伤种芋或使球茎失水过多，影响萌芽。

　　在温度不太低的地方，也可在露天堆藏。可选择高燥的空地，将草木灰或糠壳或麦壳、灶土灰等与干细土混匀，然后将混合土与魔芋分层叠放，最后盖细土、厚约30厘米。芋堆周围挖排水沟，下雨时覆盖薄膜，晴天揭膜。若种芋数量相当大而又无大窖房时，可在室内用木架或竹架分层摆放。木架层间距离40～50厘米，每层架上放一层干燥、透气性好的覆盖物保暖。

　　堆藏时，若藏堆较大，堆中每隔80～100厘米插1束作物秸秆，以利于通气。贮藏后，每隔15天检查1次干湿度，如过干可适当喷水，过湿应摊开晾晒。发现发霉腐烂芋块应及时挑出，并消毒灭菌。

　　6. 山洞贮藏　选深5米以上的山洞，放魔芋时先用稻草垫在洞底，再放魔芋，一般放3～4层。魔芋上盖干草，厚20厘米左右。贮藏初期和春季气温回升后，可将洞口封一半，冬季要将洞口封严。

　　7. 烟熏贮藏　在背篓、箩筐内，铺干草或谷壳，然后将魔芋放入、盖好。直接挂在灶房或经常生火有烟处，或放入专用的熏室里。熏烟能使魔芋表面干燥，并有消毒杀菌、促进伤疤愈合、防止病害的作用。此方法仅适宜于少量芋种的贮藏。

　　8. 保温库贮藏　大规模经营良种种芋时，应建保温通风贮藏库。库房内设堆放架，每架8～10层，每层间距约20厘米，最低一层刚离地面即可。依球茎大小每层堆放1～2层，也可将竹筐或塑料盘放在架上再放种芋。架间应留工作走道。在冬季温度经常低于0℃以下的地方，可在库中央建一火炉升温，湿度过低时洒水增湿。

（四）贮藏期的管理

1. 前期管理　贮藏初期球茎呼吸旺盛，释放热量多，水分蒸发量大，且外界温度高，易造成高温高湿环境而发生软腐病。因此，应注意通风换气，散热降温，使贮藏温度稳定在7℃～10℃，空气相对湿度保持70%～80%。注意随时检查剔除腐烂变质球茎，并在周围撒石灰防止蔓延。

2. 中期管理　这段时间较长，球茎呼吸及蒸腾作用减弱，外界温度较低，球茎易遭受冷害，应采取保温防寒措施，保证温度不低于5℃，有条件的可适当加温。

3. 后期管理　立春（2月上旬）以后，气温逐渐回升，但冷暖多变，这时球茎的休眠期已解除，温度较高加速萌芽，较低使芽受冻害。此期温度宜控制在10℃～12℃，空气相对湿度80%左右，这种条件既可起到催芽的作用，又可防止"老化芽"的形成。生产中应加强检查，剔除腐烂变质球茎，并在周围撒石灰。

三、魔芋运输

长途调运鲜芋种时，宜用透气的木箱、竹筐或纸箱盛装。箱内四周和上下各放一层锯末或谷壳，再一层魔芋、一层锯末分层装放。上下层之间错开主芽，上面用锯末装实后加盖。小球茎可直接用纸箱装放。不论采用哪种方式运输，都应避免魔芋与运输车体直接接触而发生摩擦，以免损伤块茎。同时，也不要挤压、践踏和扔摔，应做到轻取轻放。

第七章
魔芋病虫害防治

一、主要病害及防治

（一）日 灼 病

1. 危害特点 魔芋为半阴性植物，遇到连续高温干燥和强光直射后，叶温超过 40℃时，细胞受伤死亡，发生白斑，叶片萎蔫，光合作用降低。土壤龟裂，引起断根，也易引起日灼。

2. 防治方法 与玉米等高秆作物间作；地面铺草和适时浇水。

（二）白 绢 病

1. 危害特点 白绢病又叫白霉病、菌核病、茎腐病。主要危害魔芋茎、叶柄基部及块茎。菌核在室内可生存 10 年，田间达 5～6年。发病部主要在近地面 1～2 厘米的叶柄基部。叶柄基部及球茎染病后，初呈暗褐色不规则的小型斑，后软化，使叶柄湿腐，植株倒伏，叶尖黄化，叶片由绿色变黄色。高温高湿时病部长出一层白色绢丝状霉，后期生圆形菌核。病菌可通过叶柄基部向下蔓延，直接危害地下块茎，引起腐烂。白绢病有时和软腐病同时发生，病部表面产生白色菌丝及褐色菌核，内部组织软腐，多为糊状，有恶臭。

该病由半知菌类真菌齐整小核菌 Sclerotium rolfsii Sacc. 引起。

病原菌主要靠菌核及病残组织中的菌丝在土中越冬，翌年萌发后顺着土壤蔓延到邻近植株上；也能通过雨水及中耕等作业传播，从寄主根部或茎基部直接或借伤口侵入到寄主组织内。病菌寿命长，在室内可存活 10 年，在田间可存活 5～6 年。用病残组织喂牲畜，经消化道后，其病菌仍能存活。但怕水，水淹后 3～4 个月便会死亡。

白绢病一般在 6 月中下旬开始发生，常与软腐病同时危害植株。高温高湿，尤以雨过天晴后易于流行。土壤酸性及中性有利于发病，pH 值 <3 或 >8 不易发病。连作地发病重，新地或水旱轮作地发病轻。轮作 3 年以上的，发病率仅 1%～5%。

2. 防治方法

①避免连作。重病地宜与禾本科作物轮作，有条件的可实行水旱轮作。白绢病菌喜氧气，魔芋收获后深翻土地，把病菌翻埋到土壤下层，可抑制病菌生长。开沟浇水，不漫灌，不淹水，少施氮肥。②种芋用 0.1% 硫酸铜溶液，或 50% 代森铵水剂 300～400 倍液，或 50% 多菌灵可湿性粉剂 500 倍液，或 50% 甲基硫菌灵可湿性粉剂 500 倍液浸种 10 分钟，捞出用清水冲净，晾干后播种。③及时拔除病株烧毁，病穴灌 50% 代森铵水剂 400 倍液。也可每 667 米^2 撒施石灰粉约 15 千克，分 3 次撒完，隔 1 周撒 1 次。每次撒石灰粉不能过多，否则对魔芋生长有一定抑制作用。④合理施肥，有机肥要充分腐熟。据报道，喷施 200 毫克/升亚硝酸盐溶液能阻碍白绢病菌的生长，400 毫克/升可抑制其生长。在田间增施硝酸钙、硫酸铵或喷施复硝酚钠 6000 倍液，可减轻白绢病的发生。⑤在植株高 20 厘米时，用 10～15 厘米见方的塑料薄膜包裹叶柄基部，能防止病菌侵染。⑥发病初期，喷洒 40% 硫磺·多菌灵悬浮剂 500 倍液，或 50% 异菌脲可湿性粉剂 1000 倍液，或 15% 三唑酮可湿性粉剂 1000 倍液，或 50% 甲基硫菌灵 500 倍液，7～10 天喷 1 次，共喷 2～3 次。也可每平方米用 50% 甲基立枯磷可湿性粉剂 0.5 克喷撒地表，或用 50% 三唑酮可湿性粉剂 5000 倍液，从魔芋叶柄

基部灌根。石灰及三唑酮等杀菌剂能附着在病原菌的菌丝和菌核的表面，使表皮细胞皱缩、破裂，接着内含物外渗，使病菌不能生长和萌发，从而起到防治作用。

（三）软 腐 病

1. 危害特点　魔芋软腐病又叫黑腐病，是生产上危害最严重的病害。湖南、湖北、四川、云南等地均有发生，在国外以日本发病最为严重。栽培期及贮藏期均可发病，田间发病率为 20%～30%，严重的全田发生，减产损失达 50%～70%。

软腐病主要危害叶片、叶柄及块茎，最明显的特征是组织腐烂和具有恶臭味。在贮藏期或播种期，种芋受侵染，被害块茎初期表皮产生不规则形水渍状暗褐色斑纹，逐渐向内扩展，使白色组织变成灰白色甚至黄褐色湿腐状，溢出大量菌脓，块茎腐烂。最后，随着土壤水分的降低，块茎变成干腐的海绵状物。受害种芋发芽出苗后，芋尖弯曲，展叶早，刚露土即展叶，叶不完全展开，或叶柄、种芋腐烂；展叶后染病，则叶片向叶柄做拥抱状，株形像一个蘑菇。叶色稍淡，拔起植株，可见种芋腐烂。生长期的症状表现有 3 种：一是块茎发病，植株半边或全部发黄，叶片稍萎蔫。从块茎与叶柄交界处拔断，有部分叶柄呈黑褐色。挖出块茎，表面出现水渍状暗褐色病斑，向内扩展，呈灰色或灰褐色黏液状，使块茎部分或全部腐烂。二是植株发病，基部软腐，最后倒伏，叶片保持绿色。三是叶片发病，初为墨绿色油渍状不规则病斑，边缘不明显，多沿叶脉向两旁叶肉做放射状或浸润状发展，后叶片腐烂，吊在植株上，并有脓状物溢出。以后病害沿叶柄向下扩展直至种芋，整株腐烂。有些病菌沿半边叶柄向下扩展，使主叶柄一侧形成水渍状暗绿色的纵长形条纹。之后，组织进一步软化，条斑随即凹陷成沟状，溢出菌脓，散发臭味，使植株半边腐烂、发黄，俗称"半边疯"。

该病菌在温暖地区无明显的越冬期，在田间周而复始地辗转传播蔓延。寒冷地区主要在田间病株、窖藏种株或土中未腐烂的病残体及害虫体内越冬。通过雨水、灌溉水、带菌肥料和昆虫等传播，病菌主要从伤口及气孔入侵，也可从根毛区侵入，潜伏在维管束中或通过维管束传到地上各部位，遇厌氧条件后大量繁殖，引起发病，故称潜伏侵染。

该病一般在6月中下旬开始发生，8月上中旬是发病高峰期，9月中下旬基本停止。田间渍水、土壤湿度大及降雨过多，特别是苗期受水浸渍的田块，容易发病。

2. 防治方法　①种植万源花魔芋、赤诚大芋、榛谷黑、云南花魔芋、重庆花芋、白魔芋等优良品种。实行多品种当家，品种合理搭配、科学布局、定期轮换，避免单一品种大面积种植，利用魔芋品种群体的抗性多样化，提高整体抗（耐）病水平。②实行轮作，特别是水旱轮作效果好，轮作周期一般为3年。避免大量施用未腐熟的有机肥料，增施草木灰、硝酸铵和硫酸铵，可减轻病害。深耕改土，整地时每667米^{2}施用100千克生石灰进行土壤消毒，降低田间病菌数量。每667米^{2}用纯氮15千克，增施钾20千克，病株率较单一施纯氮减少48.28%，产量提高27.5%。高畦栽培，排水防涝。及时清理病株，烧毁。病穴灌注20%甲醛溶液消毒。土壤要疏松，不渍水，不挡风，可减轻病害。③魔芋收获后，去净泥土，晾晒干，拌石灰，或用40%甲醛50～100倍液和20%石灰水浸泡30分钟，风干后贮藏。④播种前用20%石灰乳液浸泡20分钟，或用40%多菌灵胶悬液1 500倍液+80%敌畏乳油1 000倍液浸种30分钟，或200毫克/升硫酸链霉素溶液浸种4～5小时，晾干后播种。土壤处理方法，每667米^{2}施用生石灰50～60千克，施后耕翻。追肥时不可将肥料直接施于芋根上，以免烧根。雨天或田间露水未干时，不要到田间进行农事操作，以免伤根。及时拔除病株，烧毁或深埋，在病窝处及周围撒上石灰，踩实土壤，以免雨水串流传播。⑤及时防治金龟子、笨蝗、粉蝶、夜蛾、蛞蝓等害虫，以免病原菌从伤口侵入，加重病害。

⑥发病前或发病初期用72%硫酸链霉素可溶性粉剂3000～4000倍液，或90%新植霉素可溶性粉剂4000倍液，或50%代森铵水剂600～800倍液，每7～10天喷1次，喷洒叶柄周围地面或灌根。也可选用64%噁霜·锰锌可湿性粉剂500～600倍液，或78%波尔·锰锌可湿性粉剂500～600倍液，或75%氢氧化铜可湿性粉剂900～1000倍液，每667米^{2}用药液50千克，并掺入磷酸二氢钾0.1～0.2千克喷雾，从叶片展开起，每10天喷1天，连喷3次以上。⑦云南农业大学植保学院白学慧等人研究，魔芋与玉米间作对魔芋根际微生物群落代谢功能多样性的影响，表明间作能有效控制魔芋软腐病，其中玉米、魔芋之比以2∶4效果为最好，相对防效可达61.27%。高海拔区域，魔芋生长前期，在耕地表面铺一层秸秆或杂草，可提高地温，促进出苗，减轻病害。

（四）病毒病

1. 危害特点 全株发病，病株叶片呈花叶或缩小、扭曲、畸形，有的病株叶脉附近出现褪绿环斑或条斑，出现羽毛状花纹，或叶片扭曲。由芋花叶病毒（DMV）、番茄斑萎病毒（TSWV）、黄瓜花叶病毒（CMV）单独或复合侵染引起。主要在发病母株球茎内存活越冬，通过分株繁殖传到下一代。也可在田间其他天南星科植物如芋、马蹄莲等寄主上越冬。借汁液和桃蚜、棉蚜、豆蚜等传毒。番茄斑萎病毒还可借蓟马传毒。病征在6～7叶前较明显，高温期减轻乃至消失。

2. 防治方法 ①因地制宜选育和使用抗病品种。②选用无病母株繁殖作种。③及早消灭蚜虫，并在农事操作中用肥皂水洗手和刀具，防止汁液摩擦传染。④发病初期，喷洒1.5%硫酸钠烷醇·硫酸铜乳剂1000倍液，或1.5%菇类蛋白多糖水剂250倍液，每10天喷1次，连喷2～3次。

（五）轮纹斑病

1. 危害特点　主要危害叶片。初发病时叶缘或叶尖产生浅褐色小斑点，后扩展到近圆形至不规则形黄褐色斑，大小为 0.5～2.5厘米。病斑上具轮纹，湿度大时病部生稀疏霉层。后期有些病斑穿孔，病斑上长出黑色小粒点，埋生在叶表皮下。

由半知菌亚门真菌魔芋壳二孢菌（Ascochyta amorphophalli）引起。以分生孢子器随病叶遗留在土壤中越冬，成为翌年初侵染源。生长期产生的分生孢子，借风雨传播。该病多发生在生长后期，倒苗前进入发病高峰。湖南等地在 8 月下旬发病，8～9 月份流行。

2. 防治方法　①收获后清除病残体，减少菌源。②必要时用36% 甲基硫菌灵悬浮剂 600 倍液，或 50% 多菌灵可湿性粉剂 800倍液，或 50% 腐霉利可湿性粉剂 1 000 倍液喷洒。

（六）炭疽病

1. 危害特点　主要危害叶片。初期病斑小、圆形、褐色，扩大后为圆形至不规则形褐色大斑。病斑中部淡褐色至灰褐色，边缘深褐色，周围叶面组织褪绿变黄，斑面上生黑色小粒点。病斑多自叶尖、叶缘开始，向下、向内扩展，融合成大斑块。病部易裂，严重时叶片局部或大部分变褐、干枯。

该病由半知菌亚门真菌的刺盘孢 Colletotrichum sp. 和盘长孢菌Gloeosporium sp. 引起。两菌均以菌丝体和分生孢子盘在病株上或随病残体遗落土中越冬，翌年产生分生孢子，借雨水溅射传播，引起发病。以后，病部不断产生分生孢子进行再侵染。温暖多湿天气，种植地低洼积水，过度密植，田间湿度大或偏施氮肥、植株长势过旺时，发病重。

2. 防治方法　①种芋用草木灰、细干土 1∶1 分层堆放高燥处，雨天覆盖塑料薄膜，晴天揭开，使种芋完好。②选择高燥、不积水的地块种植，做到二犁二耙，深沟高畦或起垄种植。③精选种芋，并摊晒 1～2 天，下种前用 500 毫克／升医用链霉素浸泡 30～60 分钟，晾干后播种。④加强管理，合理密植。清沟排渍，降低田间湿度。增加植株间通透性。施用酵素菌沤制的堆肥，或充分腐熟的有机肥。采用配方施肥，避免过量施用氮肥，提高抗病力。清洁田园，及时收集病残物带出田外烧毁。发现病株，立即挖出，并在病穴内撒石灰消毒。⑤发病初始，用 50% 苯菌灵可湿性粉剂 1 500 倍液，或 80% 福锌·福美双可湿性粉剂 600 倍液，或 30% 碱式硫酸铜悬浮剂 400 倍液，或 77% 氢氧化铜可湿性微粒剂 500 倍液喷洒，每 10 天喷 1 次，连续喷 2～3 次，收获前 10 天停止用药。

（七）细菌性叶枯病

1. 危害特点　该病发生非常普遍，主要危害叶片。初期，叶片上生黑褐色不规则形枯斑，使叶片扭曲；后期，病斑融合成片，叶片干枯，植株倒伏。该病由油菜黄单胞菌魔芋致病变种 Xanthomonas Campestris pv. amorphophalli（jindal, Patel et Singh）Dye 细菌引起。主要在土壤中的病残体上越冬，借风雨传播，高温多雨及连作地容易发生。6 月中下旬开始发病，9 月上中旬为发病高峰。暴风雨有利于该病发生流行。叶枯病只侵染小叶，而不感染叶柄及球茎。

2. 防治方法　①选高燥地块，采用"室外覆土盖膜"法贮藏种芋。选择不积水处种植，并做到深耕细耙、高垄深沟、小块种植。②精选种芋，播前晒 1～2 天，再用硫酸链霉素 500 毫克／升浸种 1 小时，晾干下种。③生长期间勤检查，发现中心病株立即挖除，并用链霉素 400 毫克／升灌淋病穴及周围植株 2 次，每株用药液 0.5 升。也可用链霉素 10 000 毫克／升注射植株，每次每株 3～4 毫升。此外，还可用 30% 碱式硫酸铜悬浮剂 400 倍液，或 72% 硫酸链霉素可溶性粉剂 4 000 倍液喷洒。

（八）干 腐 病

1. 危害特点　侵染茎、块茎、芋鞭和根。生育期和贮藏期均可受害，生育期多见于8月中下旬。病菌首先侵害侧根和须根，再蔓延到球茎，引起病球和叶柄与球茎接触处变黑干腐，继而侧根与球茎大部缢缩干枯，球茎与根茎部皮层变黑腐烂。发病后羽状复叶和部分叶柄变黄，并常沿叶柄的一边坏死，延伸向下。拔起病株，坏死叶柄一侧的根变黑褐色，部分根内部变黑腐烂，但无异味。病势扩展，叶柄基部腐烂缢缩，叶片变黄倒伏。根受害后，根尖变褐枯死；切开根，近基部可见变褐色，根状茎也呈褐色。块茎贮藏期间，继续侵染，内部变黑腐烂、干缩，用其播种，不发芽或发芽后叶片异常：小叶不展开，单边生，叶片白天萎蔫，夜间恢复，到8月份叶片褪绿、黄化，萎蔫下垂。

由魔芋干腐病菌［Fusarium solani（Martius）Appel.］引起。病菌以菌丝和分生孢子随种芋和根状茎越冬，或以厚垣孢子在土壤中越冬，通过种芋和土壤传播。一般黏质土比轻沙质土发病多，种植浅的发病多。中性偏酸和施用未腐熟有机肥的土壤容易发病。肥料不足、生长弱的植株易感病。

2. 防治方法 ①严格选种，剔除病芋。②贮藏种芋处，严格控制湿度。③用甲基硫菌灵或苯菌灵药液浸种消毒。④发病初期用70%甲基硫菌灵可湿性粉剂1 500～2 000倍液淋茏或用50%多菌灵可湿性粉剂以2%的药量拌细土，播种时撒于穴内，或用75%百菌清可湿性粉剂600倍液，于发病初期喷施根基及周围土壤，每7～10天1次，连喷2～3次。

（九）根 腐 病

1. 危害特点 主要危害魔芋地下块茎和根系，也可危害叶柄基部。发病部初期为褐色水渍状病斑，随后根系和部分块茎腐烂变黑，地上部分叶片发黄，植株矮小，后期叶柄枯萎，整个植株枯死。天气潮湿时，病部以上又长出新的不定根。挖收时可见地下块茎大部分腐烂，剩余未腐烂部分为凹凸不规则的残体，俗称"戏脸壳"，失去商品价值。发病严重时全株枯萎，最后常受细菌侵害而导致软腐。

病原菌有多种，主要由菜豆腐皮镰孢菌 Fusarium Solani（Mart.）App. et Wollenw. f. sp. phaseli（Burkh.）Snyder et Hansen 引起。病菌可在病残体、厩肥及土壤中存活多年。除魔芋外，豇豆、菜豆、豌豆均可受害。无寄主时可腐生 10 年以上，土壤中的病残体是翌年的主要初侵染源。主要靠带病肥料、工具、雨水、灌溉水传播，从伤口侵入。高温高湿环境，有利于发病。发病盛期在 8 月份。连作地、低洼地、黏土地发病重，新垦地很少发病。

2. 防治方法　①改革耕作制度，实行水旱轮作。②深翻土地。用高畦或深沟排水，防止根系浸泡在水中。③发病初期，用 70% 甲基硫菌灵可湿性粉剂 800～1 000 倍液喷洒叶柄基部，每 7～10 天 1 次，连喷 3 次。也可用 75% 百菌清可湿性粉剂 600 倍液，或 70% 敌磺钠可湿性粉剂 1 500 倍液，连续喷 2～3 次。也可喷施 40% 硫磺·多菌灵悬浮剂 800 倍液，或 77% 氢氧化铜可湿性微粒剂 500 倍液，或 14% 络氨铜水剂 300 倍液，或 50% 多菌灵可湿性粉剂 1 000 倍液 +70% 代森锰锌可湿性粉剂 1 000 倍液，每 7～10 天喷 1 次，连喷 2～3 次。

（十）缺 素 症

1. 危害特点　魔芋在生长过程中常因缺乏某些微量元素而使叶面褪绿黄化，生长衰弱，早期倒伏等。最常见的缺素症是缺镁和缺锌。

缺镁症一般在 8 月上中旬发生，从叶边缘开始黄化，向内扩展，仅剩叶脉部分为绿色，最后枯株全部黄化、倒伏。若症状发展快，日照强，黄化部分变白，先立枯，后倒伏。酸性土壤易发生，久雨乍晴、日照强发生更重。

缺锌的魔芋，初生叶片开展度小，呈 Y 形。小叶细小，向内卷曲。叶脉从淡黄色至黄白色，中脉和侧脉处残留绿色，后期叶肉干缩，最后全株枯黄倒伏。块茎发育不健全，影响产量。叶片展开后出现症状时，叶片正常、绿色健全。但到8月份后开始黄化，明显褪绿。9月份以后，中脉和侧脉仅留部分绿色，似日灼状。一般不倒伏。

2. 防治方法　①对缺镁田块，应进行深耕改土，增施有机肥及硫酸镁等含镁肥料。发病期每隔3～4天喷1次5%硫酸镁溶液，共喷3～4次。②对缺锌田块，除加强肥水管理提高地力外，在播种前可增施硫酸锌。发病初期用0.4%硫酸锌溶液喷洒叶面，每3～4天喷1次，共喷2～3次。

（十一）花 斑 叶

1. 危害特点　魔芋在土质黏重、板结、肥水不足、植株瘦小时，叶片上常出现颜色不同、大小不等的斑点，叶缘枯黄，叶片焦卷，或叶片自然穿孔，影响光合作用，降低产量。

2. 防治方法　①选择适宜的地块，供足肥水，使之早出苗、早封垄。②若有发病，应及早浇水，并增施氮肥，促进生理功能协调运转。

（十二）冻害腐烂症

1. 危害特点　冬季从异地调运种芋时，搬运过程中球茎碰撞擦伤表皮，加之低温或阴雨；运到后堆放不合理，未按要求处理伤芋，贮藏球茎会发生冻害腐烂症。高寒山区或寒冷芋区球茎留地越冬或贮藏室无保温防冻措施，也易使球茎受冻。受冻害时细胞内的水分结冰，破坏了内部组织结构，导致球茎变褐腐烂。

2. 防治方法　选择适当时期（11～12月份）从异地调种，种芋用麻袋或竹篓分类装运，小心搬运减少碰擦。冬季土壤温度低于0℃的芋区，宜在霜冻前及时收获，并进行保温贮藏，不要留地越冬。春季要待气温稳定在15℃左右时播种，并用地膜或干草等物覆盖，以防气温骤变、春寒和夜寒。

（十三）冷害黄化症

1. 危害特点 魔芋生长发育期，若遇气温骤降或冰雹、寒流侵袭，会使叶片受低温侵害引起黄化。这种现象若出现在8月份影响则更大，这是因为此期正值球茎膨大时。发生危害，初时叶片水渍状，叶肉细胞变黄，进而蔓延全株枯死，6～7天后倒伏。球茎膨大期正是地上叶片光合旺盛期，需适宜温度进行光合作用，制造有机物质向地下球茎转运，此时气温在15℃～20℃就会导致冷害黄化症的发生。

2. 防治方法 选育抗寒、耐寒或生理塑性较强的品种；掌握芋区气候变化规律适时预防；营养生长阶段培育健壮植株；选择向阳坡地栽培，氮肥不宜过量施用；多施有机肥、农家肥；使用先进科技适当调节生长发育期；加强田间管理，球茎膨大期注意培土。

（十四）非正常倒苗

1. 危害特点 魔芋生长后期因温度降低而不适应其生长时发生自然倒苗，这是正常现象。但在生长过程中，常因某些人为因素使之提前倒苗死亡，造成损失，这是必须防止的。常见的非正常倒苗：①肥害倒苗。追施化肥浓度高、数量大，又接触到植株时，容易烧苗，引起倒伏。缺镁、缺锌、缺铜时，也易引起倒苗。②干旱倒苗。盛夏，魔芋地上部蒸腾作用强烈，若天旱，土壤缺水，容易引起萎蔫倒苗。③病害倒苗。发生黑腐病、软腐病、白绢病等病害易倒苗，发生甘薯天蛾、豆天蛾、铜绿金龟子等虫害，使叶柄受到损伤也易倒苗。④积水倒苗。土壤长期积水，影响根系呼吸，引起烂根，容易倒苗。⑤冻害倒苗。收获过晚，或收获后贮藏期间管理不当，或春季定植过早、温度低等，均会使块茎受冻，出苗后容易倒苗。⑥人为损伤。进入田间农事操作时损伤叶片、叶柄、根系及茎，导致伤口感染，诱发病害，引起倒苗。

2. 防治方法 针对非正常倒苗的不同原因，采取不同措施，防止倒苗。

二、主要虫害及防治

（一）斜纹夜蛾

1. 危害特点 斜纹夜蛾又叫莲纹夜蛾、莲纹夜盗蛾、斜纹盗蛾，俗称芋虫、花虫，属鳞翅目夜蛾科害虫。幼虫食叶、花及果实。自北向南，因寒暖不同，1 年发生 4～9 代或以上，广东、广西、福建、台湾等地终年繁殖。长江流域 7～8 月份、黄河流域 8～9 月份发生。成虫在夜间活动，飞翔力强，1 次可飞数十米远，飞升高度 10 米以上。成虫具趋光性，并对糖醋酒液及发酵的胡萝卜、麦芽、豆饼、牛粪等有趋性。卵多产于高大、茂密、浓绿的边际作物上，尤以植株中部叶片背面叶脉分叉处最多。初孵幼虫群集取食，四龄后进入暴食期；多在傍晚觅食。老熟幼虫在 1～3 厘米表土内做土室化蛹，土壤板结时可在枯叶下化蛹。发育适温为 29℃～30℃，所以各地严重危害期皆在 7～10 月份。

2. 防治方法 ①利用黑光灯，或糖醋酒液（糖 6 份、醋 3 份、白酒 1 份、水 10 份、90% 敌百虫 1 份，调匀）诱杀成虫。②三龄幼虫为点片发生阶段，可结合田间管理进行挑治。四龄后幼虫夜出活动，可在傍晚前后用 21% 增效氰戊·马拉松乳油 6 000～8 000 倍液，或 2.5% 氯氟氰菊酯乳油 5 000 倍液，或 20% 甲氰菊酯乳油 3 000 倍液，或 40% 氰戊菊酯乳油 4 000～6 000 倍液，或 4.5% 高效氯氰菊酯乳油 3 000 倍液喷施防治，每 10 天喷 1 次，共喷 2～3 次。

（二）金 龟 子

1. 危害特点 金龟子又叫老母虫，为杂食性害虫。以成虫咬食叶片和嫩茎，造成缺刻。幼虫（蛴螬）咬食地下块茎，咬伤处呈黑色及凹凸不平状。成虫椭圆形，有金属光泽。幼虫头部黄褐色，胸、腹部乳白色或黄白色，虫体弯曲呈 C 形。

此虫 1 年发生 1 代。幼虫在土中越冬，翌年春季土壤融冻后，越冬幼虫开始活动，取食块茎。后做土室化蛹，6 月份开始出现成虫。成虫白天潜伏土中，夜间取食叶片。施用未腐熟厩肥的田块及沙壤土中容易发生。7 月下旬至 8 月上旬危害重。成虫喜欢栖息于潮湿、肥沃土中，有假死性和趋光性。

2. 防治方法　用 50% 辛硫磷乳油 0.5 千克兑水 50 升，或 50% 马拉硫磷乳油 0.5 千克兑水 50 升拌种芋。7 月中下旬用 90% 晶体敌百虫 800 倍液，或 50% 辛硫磷乳油 1 000 倍液喷洒或灌根。

（三）天　蛾

1. 危害特点　危害魔芋的天蛾有甘薯天蛾、豆天蛾和芋双线天蛾 3 种。甘薯天蛾又叫旋花天蛾、虾壳天蛾、猪仔虫、猪八虫。成虫体大，头暗灰色，胸部背面灰褐色，有 2 丛鳞毛构成褐色"八"字纹。老熟幼虫体长约 83 毫米，体上有许多环状皱纹。四川 1 年发生 2～3 代，湖北 4 代，以蛹在地下越冬，翌年 5 月份为第一代成虫羽化盛期。成虫白天潜伏叶荫处，黄昏出来觅食、交尾产卵，卵多散产于叶背。成虫具趋光性和趋嫩性，飞翔力强，喜食糖蜜。初孵幼虫在叶背取食叶肉，三龄后多沿叶缘取食，造成缺刻，食量大时仅剩叶柄。

豆天蛾又叫大豆天蛾，其幼虫叫豆虫，俗称豆猪虫。我国各省均有发生，魔芋、豆类均可受害。成虫黄褐色，老熟幼虫黄绿色。1 年发生 1 代，以老熟幼虫在土壤中做土室越冬。翌年春移至表土层化蛹，7～8 月份为幼虫盛发期。成虫飞翔力很强，但趋光性不强。日伏夜出，每蛾产卵 350 粒左右，单产于叶背。幼虫四龄前白天多藏于叶背，夜间取食。4～5 龄期多栖于叶片三裂片的分叉小裂片处，夜间暴食，阴雨天则全天取食，并可转株危害。

芋双线天蛾成虫体背茶褐色，头胸两侧有灰白条，肩片中有 1 条细白纵线，腹部中线为 2 条靠近的白色线，腹侧淡红褐色。老熟幼虫暗褐色。胸部亚背线有 8～9 个黄白斑点，腹侧有黑色斜纹及

1列黄色圆斑，尾角黑色，末端白色。1年发生1代，以蛹在地面越冬。成虫8～9月份出现，有趋光性。幼虫6～8月份危害，昼夜取食。

2. 防治方法 ①用黑光灯或糖醋酒液诱杀成虫。②幼虫出现期，人工捕杀。③冬季深翻土地，消灭越冬蛹，减少翌年虫源。④掌握在幼虫三龄期前喷药杀灭。可选用20%氰戊菊酯乳油3 000倍液，或2.5%溴氰菊酯乳油3 000～3 500倍液，或50%马拉硫磷乳油1 000倍液，或90%晶体敌百虫800～1 000倍液，或每克含菌量70亿～100亿个的杀螟杆菌、每千克兑水100～150升喷雾。

（四）线　虫

1. 危害特点　魔芋线虫除根结线虫、根腐线虫外，还有萎缩线虫、针状线虫、螺旋线虫等。根结线虫除寄生魔芋外，还喜寄生于茄子、番茄、西瓜等。幼虫称线虫，雌成虫为乳白色洋梨形、长约1毫米，肉眼可见。该线虫如寄生于根，则根呈结节状，如寄生在球茎，不仅产生大结节，还使表皮粗糙，品质恶化，在贮藏中还发生腐烂。如作种芋，则成虫源。该虫1年可反复繁殖几代，每代约30天，破壳进入土中的二龄幼虫，在魔芋发根时从根尖侵入，在组织内游动寄生危害，不久即定居，在组织内蜕皮，虫体增大，成为梨形雌成虫。每雌虫可产卵300～500个，主要以卵在土中越冬。寄生在球茎中的多为成虫。

根腐线虫有数种，但以咖啡游离根线虫为优势种。该种侵入根后即在组织内活动、寄生，使该部腐烂。受害严重者，8月份起，中午时叶萎蔫，9月中旬提前倒苗，球茎产量显著下降。线虫引起的地上部分被害症状，酷似根腐病或干性根腐病，但这两种病发生在7月份刚展叶时，而线虫导致的叶黄和倒苗一般在8～9月份。挖取球茎，将腐烂根洗净，切细浸水，即可检出线虫。

2. 防治方法　①预防为主，选用无线虫的田块种植，避免用未腐熟的肥料。因其不危害小麦、玉米、水稻等禾本科作物，最好与其换茬，或与葱、韭菜等受害轻的蔬菜轮作。但不能与瓜类和茄果类轮作。②前作拉秧后仔细清除残根，深翻土壤，盛夏挖沟起垄，沟内灌水，盖地膜密闭 10～15 天。有条件时可分别均匀施入稻草和生石灰，在灌水盖地膜前翻入土壤，消毒效果良好。③播前 7～20 天，每 667 米 ^{2} 用 98% 棉隆微粉剂 5～6.6 千克，沟施于 20 厘米土层内，施后浇水，封闭或覆盖塑膜，过 5～7 天松土散气后播种。还可每 667 米 ^{2} 用 3% 氯唑磷颗粒剂 1～1.5 千克，均匀施于地内或拌少量细土施于定植沟内。也可用 1.8% 阿维菌素乳油 1 000 倍液灌根。

第八章

魔芋加工与利用

一、魔芋加工技术

（一）魔芋角（片）加工

1. 质量要求　芋角是魔芋初加工的主要产品，既可用于出口又可进一步加工成魔芋粉。芋角传统是以农户自行加工为主，目前随着魔芋种植规模的逐步扩大，魔芋加工正向专业化、规模化方向发展。无论是用何种方式加工，都必须严格把好质量关。自用的魔芋干，对切块的形状无严格的要求，只要容易干燥即可。作外贸出口的多采用大块茎魔芋加工，把鲜魔芋切成长4厘米、宽4厘米、厚2厘米的方块，干燥后成为长2厘米、宽2厘米、厚1厘米的方块形魔芋干。魔芋干质量要求含水量不超过12%；块状均匀，颜色白净，有光泽；粉足，皮薄，光滑；质地坚硬，手触粗糙，有刺痛感，沙粒均匀；透明，不发黑，无霉斑，内部不呈暗色；无泥沙，无皮，无杂质，无虫蛀；肉质细密，内含物丰富，肉质部分向外凸出，葡甘聚糖含量高。

有以下情况属劣质产品：芋片局部有黑块的；芋片干燥不当或腐败、冻伤，外观和内部呈黑灰色或黑褐色，甚至出现黑块的；用硫磺熏过的芋角或芋片，外观粉白，质量较差，含硫量超过0.0006%的；过早收获的魔芋，因含水量过高或干燥不及时，时间过长而变成焦黄色的。

2. 魔芋干燥的特点及条件　鲜魔芋一般含水量达 80% 以上，必须进行干燥，使含水量降低至 12% 以下才能贮运，并进一步加工制成精粉。魔芋干燥是在尽可能保证魔芋块茎内在品质不受破坏的前提下，蒸发块茎中水分的脱水过程。干燥的基本要求：既能均匀地排除芋片、芋角内的水分，又不损伤内在品质，同时加工成本低，技术较易掌握。

魔芋的利用价值在于它含有葡甘聚糖，其含量为 52%～59%。葡甘聚糖粒子以黏液状胶体存在于细胞中，黏度很大，吸水力强。由于胶体对水分的吸附较大，使芋块中的水分较难在短期内顺利排出，因此干燥脱水过程要慢。如果升温过快，则容易出现外干内湿的"糖心"，进而变质为"黑心块"。

魔芋块茎中含有酚类物质，切块后在脱水过程中接触空气，在多酚氧化酶的作用下，易变为褐色或黑色，而影响芋角、芋片的质量。防止褐变的主要方法：在干燥过程中，经过一定的高温处理，抑制酶的活性。注意不能在已经发生褐变后，再用硫磺熏蒸脱色。含硫量高的芋角，对人体有害。干制过程中，温度过高，会使葡甘聚糖含量下降，影响精粉的黏度，并使淀粉糊化。一般认为，魔芋脱水干燥温度不宜超过 80℃，超过 80℃的时间愈长，对葡甘聚糖的伤害愈大。若芋块变成黄色，则表示葡甘聚糖受到了一定的破坏。

魔芋干制的目的，是排除存在于魔芋组织中的游离水和一部分胶体结合水。干制过程中，水分的蒸发主要依赖于水分的外扩散和内扩散。前者指芋表面水分的蒸发；后者指芋内部的水分由多向少的部位的转移。开始干燥时，含水量很高，水分蒸发主要是外扩散。随着干燥的进行，当原料中的含水量减少至 50%～60%时，游离水大为减少，开始蒸发部分胶体结合水。干燥的速度，除与原料的装载量有关外，主要取决于空气的温湿度和空气的流动速度。在干燥过程中温度提高后，必须注意将烤房内饱和的湿空气排出，换入干燥空气，使空气湿度迅速降低，这样才能加快干燥速度，提高烘烤效果。所以，在干燥过程中，要随时注意调节温湿度和通风等条件。芋角、芋片干燥过程中，初期、中期和后期的温度是不同的，一般规律是初期高、中期适中、后期低。刚开始烘烤时，应提高温度，使芋块整体温度尤其芋块中心温度增加，促进水分子运动，除去芋块表面水分和芋块内部的自由水。当芋块表层温度和中心温度均衡、达到67℃左右时，持续30分钟可使酶变活性受到抑制，持续1小时左右酶即失去活性。在此期间，温度可升高至80℃，促使芋块水分大量排出。初期烘烤时间一般为2～4小时，达到表面收汗、现沙、不粘手；色白时，再将温度降至60℃，保持4～6小时，然后用50℃左右的温度烘烤4～6小时，即可达到色白身干的要求。

芋角、芋片干燥过程中，大量排出水分，使烘房内空气湿度急剧升高，甚至达到饱和的程度。在这种情况下，必须加强通风排湿，这是因为芋角在干制过程中其内部水分的转移，是借助湿度梯度完成的，即靠室内湿度比芋块内部湿度低的原理，使水分从多处向少处移动。湿度梯度愈大，水分移动愈快；反之，则慢。同时，在高湿中烘烤，也容易使芋块变熟或变褐而降低质量。所以，烘烤过程中，应注意观察，勤通风。一般烘房内空气相对湿度达70%以上，人进入烘房后感到潮湿、闷热、脸、手潮湿，呼吸窘迫，这时应立即打开天窗和地窗，通风排湿；湿度降低后停止通风，再使温度继续上升，然后再进行通风。每次通风时间一般为5～15分钟，按烘房中空气湿度的高低而定。在湿度计上，干、湿球之间温度差异愈小，表示相对湿度愈高，通风时间应短；否则，应延长通风时间。因为短期通风，既可排出湿气，又有利于提高温度；而温度升高后，更能使水分的凝着力降低和内部水汽压力增加，促使水分向外移动。高温蒸发期，芋块含水量由80%以上逐渐降低至70%～60%。当其含水量降低、通风后温度变化不大时，可以加大通风量，并减弱火力，以免产品发焦。

应注意的是在芋角、芋片干燥过程中，尤其前期水分由于汽化速度快，因此通风量宜大，但风压宜低。一般通风量与芋角水分汽化速度呈正相关。风速低于 0.25 米 / 秒时，芋角容易发生褐变。

3. 芋角、芋片加工工艺

（1）原料处理　适期收获的魔芋，适当摊晒几天，散失水分，有利于烘烤，但较难去皮。刚收获的鲜芋较易去皮。魔芋收获后应及时去掉残根，放入水中洗净泥沙，削去黑斑及腐烂部分，尤其要将芽眼处刮净，然后去皮。

鲜芋去皮有机械去皮、人工去皮和化学去皮 3 种方法。机械去皮效率高，但损耗大，且芽眼部分去不净，需人工补刮。人工去皮时，可将魔芋装入坚实带眼的箩内放入水中，或倒入较浅的硬底池中，向池中灌水，用脚踩擦，除去粗皮。也可将鲜芋置于圆形铁皮罐头壳上，固定后用竹片、瓷片或不锈钢刮刀等工具人工刮去外皮。鲜芋内含生物碱，对皮肤有刺激性，刮皮时要尽量减少接触。化学去皮是将清洗后的魔芋块茎放入 60℃～95℃的 5%～15% 氢氧化钠溶液（含 0.5% 葡甘聚糖阻溶剂）中 0.5～5 分钟，取出后，用水冲洗，外皮即可全部除去。据孙远明等人（1997）试验表明，在实际应用时，处理时间可根据氢氧化钠溶液的浓度及温度灵活掌握，其标准：块茎周皮一碰即落时，立即取出；用水冲洗净被腐蚀的周皮和残余的碱液至中性（表 8-1）。化学处理需要热源，并易造成环境污染，而且顶芽不易被氢氧化钠溶液腐蚀，需用刀挖除。

魔芋块茎去皮后，失去表层木栓层的保护，接触空气或遇生水后容易变褐，生产中除及时切块干制外，还应进行护色处理。魔芋块茎中多酚氧化酶的活性较高，而酶促变褐与多酚氧化酶的活性呈正相关。同时，块茎中还含有羰氨反应的底物，即含有约 3% 的还原糖、0.5% 游离氨基酸、5% 粗蛋白质，在干燥过程中又具备羰氨反应适宜的温度和水分条件，所以由羰氨反应引起的褐变也严重。孙

表 8-1 氢氧化钠浓度、处理温度与时间的影响

处理号	氢氧化钠（%）	温度（℃）	时间（分钟）	去皮率（%）	失重率（%）	处理号	氢氧化钠（%）	温度（℃）	时间（分钟）	去皮率（%）	失重率（%）
1	0	100	1	0	0	13	10	95	0.5	44	2.86
2	0	100	2	0	0	14	10	95	1	100	8.75
3	0	100	3	0	0	15	10	95	2	100	20.48
4	5	60	3	0	0	16	15	60	1	0	0
5	5	80	3	0	0	17	15	60	3	26	1.32
6	5	95	1	42	2.53	18	15	60	5	100	10.4
7	5	95	3	99	9.1	19	15	80	1	82	3.58
8	5	95	5	100	23.86	20	15	80	1.5	99	8.7
9	10	20	15	0	0	21	15	80	2	100	11.98
10	10	20	60	0	0	22	15	95	0.5	98	6.73
11	10	60	3	0	0	23	15	95	1	100	9.39
12	10	80	3	56	3.37	24	15	95	2	100	13.77

远明等人（1997）进行正交护色试验（表 8-2）表明，亚硫酸氢钠、维生素 C 和柠檬酸 3 种因素均有防止褐变的作用，其中以亚硫酸氢钠的作用最强，维生素 C 次之。从各因素与褐变度的关系分析、推断，防止褐变的最优组合为 1% 亚硫酸氢钠、0.3% 维生素 C 和 0.3% 柠檬酸。亚硫酸氢钠对多酚氧化酶引起的褐变和羰氨反应引起的褐变都有抑制作用，维生素 C 对酶促褐变有抑制作用，一定浓度的柠檬酸也可降低多酚氧化酶的活性。所以，应用三者可减轻或防止上述两种褐变，三者之间并有协同效应。因此，在实际应用中，最好选用三者复合护色剂。

（2）切块　切块用锋利的不锈钢刀或切片机，注意切刀不要沾生水。切块时，将魔芋顶芽向下，纵向切成厚 1.5 厘米的芋片，再将芋片切成长 4 厘米、宽 4 厘米的芋块，或边长约 2.5 厘米的三角形芋角。

表 8-2 亚硫酸氢钠、维生素 C 和柠檬酸的护色作用

处理号	护色处理			干品质量		
	亚硫酸氢钠（％）	维生素 C（％）	柠檬酸（％）	褐变度（A）	二氧化硫（克／千克）	颜 色
1	0	0	0	0.327	0.207	黄褐色
2	0.5	0	0.15	0.124	—	浅黄褐
3	1	0	0.3	0.058	0.416	白 色
4	0	0.15	0.15	0.205	—	黄褐色
5	0.5	0.15	0.3	0.055	0.284	白 色
6	1	0.15	0	0.036	0.392	白 色
7	0	0.3	0.3	0.183	—	浅黄褐
8	0.5	0.3	0	0.049	0.27	白 色
9	1	0.3	0.15	0.021	0.405	白 色
R	0.21	0.096	0.038	—	—	—

芋片或芋角大小要一致，这样便于烘烤，且干品形状美观。

魔芋块茎中含有单宁及酚类物质，切片后与空气长期接触易发生褐变而影响产品质量。因此，芋片、芋角切好后，为防止氧化变褐，应立即用 1% 石灰水或浓盐水浸泡 1～2 小时。

（3）干燥 芋片、芋角切好后，应立即晒干或烘干，最好是晒干。阴天加工或烘烤的魔芋干色泽晦暗，质量不及晒干的好。烘干方法：做 1 个高约 45 厘米的正方形或长方形烘灶，灶门要能关闭，灶内安装架子，供放篾垫用。篾垫是承烤芋干的器具，用竹篾编成，大小与灶孔相同；垫底有大小约 1 厘米的孔眼，以便热气通过。灶上设有灶盖。芋片切好后，沥干水，立即放到篾垫上。摆放要均匀，不宜重叠，防止粘连。

烘干一般用木炭或无烟煤。烘烤时温度要均匀，当芋片全部受热，温度升高至 85℃时，烘房要放气排湿。之后，将温度控制在 65℃以下，并加强通风，使芋片尽快脱水。当芋片快干时，用手轻轻翻动，再烘反面。至芋干两面均已收缩后，将温度降低至 55℃；六七成干时，再把温度降低至 35℃，慢慢烘烤，最后用微火烘干。

烘干时间不宜太长，否则易出现黑心。

魔芋在干燥过程中，极易发生氧化褐变。所以，一般在烘干的同时，需进行漂白护色处理。目前，国内企业采用的方法主要是燃烧硫磺产生二氧化硫作漂白剂。硫磺用量及熏硫时间是漂白工艺的关键，操作控制不当，易造成产品含硫量超标或颜色不好，影响成品魔芋精粉的质量，因此生产中最好不用这种方法护色。非用不可时，则应严格控制硫磺的用量。通常按每立方米烘房空间，硫磺用量不超过 0.5 克，时间控制在 1～2 分钟。一般 5 千克鲜芋可制芋干 1 千克。

（4）**芋干包装和贮藏**　包装容器要能封盖，以防受潮。气候干燥处可装入麻袋，但最好是用聚乙烯、盐酸橡胶、苯乙烯、聚内烯等包装材料包装后放入纸箱。箱底垫防潮纸或蜡纸，贮藏期间，芋干的含水量不能超过 12%，否则易变质发霉。包装好的芋角，宜贮藏在通风、干燥处，底层垫木板，四周留一定空间，使空气流通。贮室内空气要干燥，注意勤检查，如芋角出现吸湿返潮现象，应立即翻晒、复烘。

4. 工厂化加工芋角的干燥设施和设备　工厂化加工芋角，可以利用烘干农副产品的干燥设施和设备，也可利用专用的魔芋烘干机。下面介绍几种常见的魔芋烘干设施和设备。

（1）**烤房**　是常用的烘干设施。烤房的形式很多，构造有简有繁，规模可大可小，形状不一，其基本构造是由烤房主体、加温设备、通风设备和装载设备等几部分组成。现将西北农林科技大学食品科学系研制、目前生产中已推广的两种烘房介绍如下，供参考。

①一炉一囱回火升温式烘房　这种烘房又叫小烘干室。有两种形式：一种是在烘房一端的一侧设一个炉膛，烟火沿火道绕烘房一周，再回至设置炉膛的一端，由烟囱中排出；另一种是将炉膛设在烘房一端的中间，烟火沿主火道进入另一端后，再从两侧的边墙回至设炉膛的一端，由烟囱排出。这种烘房，全部由泥土、砖石、杂

木料建成，适宜农户使用。

②两炉一囱回火升温式烘房　这种烘房为土木结构，长方形，长6～10米、宽3～3.1米、高2～2.2米，南北延伸。烘房的前、后墙用砖砌成，两边侧墙用土坯砌成。房顶为"人"字形屋脊，也可筑成平顶。加温结构包括烧火坑、火门、灰门、炉膛、主火道、烟囱等6个部分。烧火坑位于地面以下，是管理炉火的地方。灰门下宽上窄，长度随炉膛而定。炉膛2个，分设于烘房山墙的一侧，2个炉膛间设烟囱。主火道位于烘房内近地面的两侧，由炉膛开始延伸至烘房另一端与墙火道连接。主火道内用土坯相互交错砌成雁翅形。主火道内的分火口处，用土坯斜立成"∧"形，使炉内烟火进入主火道后分道绕行。主火道内土坯排好后，从距炉膛约3米处起直到前端山墙处，用细干土垫成缓坡，以利于烟火顺利地从主火道中进入墙火道，由后山墙中间的总烟囱中排出。

在烘房内东、西两边的侧墙上，距主火道高10米处，每边各设5个进气窗。烘房顶部中线处，安置2～3个排气筒。排气筒底部设开关闸板，上设遮雨帽。

主火道上设烤架8层，烤架和烤盘可用木制或竹制，烤盘底部要有方格状或条状空隙，便于透过热空气。

（2）YMH400型魔芋烘干机　该烘干机的仓体为砖墙水泥结构，由瓶胆仓、隧道式仓房、无管式热风炉、风管、分风器、助燃风机、余热回收器、异型换热器、回烟管、炉灶、四号离合风机、电子温湿观察仪等部件组成。最高升温可达120℃，每小时升温30℃左右，全仓温差小于10℃。这种烘干机，长×宽×高为1500毫米×700毫米×250毫米，整机重1200千克；烘仓（定色仓）的规格为3000毫米×2500毫米×2200毫米，干燥面积为38米^2，烘干量550千克，烘干时间20～24小时，每吨芋角耗煤500～900千克，每天可烘鲜芋3～4吨，芋角合格率达97%，身干、色白，符合出口要求。

用YMH400型魔芋烘干机烘干芋角的工艺流程：

芋料去皮→切块→准备烘车→上烘架→设备检查→生火→空仓升温→烘车入仓→高温定色→中温干燥→低温干燥→干料出仓→分选→正品打包贮藏

烘干时，将原料装入烘筛中。芋料入仓前升大火，将仓温升至85℃以上，把仓内冷空气全部排出，使仓内处于高温状态。进料后，必须迅速将温度升高至80℃，并使干湿球温度计上干球与湿球之间的温差大于25℃，杀酶定色，防止芋块外层及中心变色。一般经2～4小时，可以达到杀酶定色的目的。料车进仓后，关上仓门和排湿孔，开动风机，加快内循环，4小时后打开排湿孔排除湿气。勤检查，必要时将底层料筛与上层、中层料筛交换位置。当芋角边角锋利刺手、断面现沙粒或软白时，即可将料车移到中温仓中烘烤：仓内温度保持60℃～65℃，干湿球温差15℃，经4～6小时，待大多数芋块表面干燥刺手、内外色白时，移入低温仓中再烘烤4～6小时，而后出仓分选。

5. 芋片加工中的褐变和护色　芋片加工过程中，容易产生色变，变成褐色或黑色，一般称为褐变。褐变会使干芋片价值大大下降。褐变按其机制分为酶促褐变和非酶促褐变两大类。前者是新鲜植物组织发生机械性损伤，如去皮、切片和受热等环境变化时，在多酚氧化酶催化下，酚类物质发生氧化呈现褐色变化，称为酶促褐变。非酶促褐变是非酶参与所引起的褐变。新鲜魔芋球茎中含有多酚类物质和多酶氧化酶，还含有还原糖、游离氨基酸和粗蛋白质，因此两种褐变都会产生，而且变化速度快。生产中常采用二氧化硫（熏硫）控制褐变。二氧化硫可使酶失活而抑制酶促褐变，又可控制非酶促褐变。

用二氧化硫处理芋片，有两种方式：一种是用专设的简单装置使粉状硫磺燃烧产生二氧化硫气体与热空气混合，进入第一级干燥设备内使芋片受硫；另一种是使用气体二氧化硫与热空气在专设的装置内混合后进入干燥设备，在干燥阶段初期使用二氧化硫，同时配合使用较高的热空气温度，形成湿热条件，可使酶较快失活，达到护色目的。

（二）魔芋粗粉加工

魔芋粗粉即魔芋全粉，是将符合标准的色白、身干、质地均匀、无泥沙、无杂质、无霉变的芋角或芋片，放入粉碎机中直接粉碎，或用碾、磨等工具粉碎。每 100 千克干芋片可制粗粉 10～20 千克。魔芋粗粉也可用湿法制作：将鲜芋洗净、去皮，粉碎后用乙醇作脱水剂，脱水后用热风干燥即可。粗粉的体积比干片大大缩小，因而便于包装、贮藏保管和运输。魔芋粗粉含葡甘聚糖 60%、粗蛋白质 2%～4%、灰分 3%～5%、水分 15%～18%、淀粉及纤维素 12%～15%，粗粉可供加工魔芋豆腐及提取精粉用，也是加工魔芋系列食品和出口的主要原料。粗粉充分干燥后应及时用塑料袋或玻璃瓶封装，置于 5℃～10℃ 条件下贮藏，保持干燥，切勿受潮。

（三）魔芋精粉加工

1. 魔芋精粉加工的原理 精粉（胶）加工，实际是除去粗粉中的淀粉、纤维素等物质而得到较为纯净的葡甘聚糖颗粒。好的精粉颗粒大、光亮，遇碘无变色反应。

根据中华人民共和国农业行业标准"魔芋粉"中的分类与定义，魔芋粉（Konjac flour）即魔芋（Konjac gurn），分为普通魔芋精粉、普通魔芋微粉、纯化魔芋精粉和纯化魔芋微粉 4 种。普通魔芋精粉是指用魔芋片（条、角）经物理干法或鲜魔芋经食用酒精湿法加工初步去掉淀粉等杂质，制得的粒度在 0.125～0.335 毫米的颗粒占 90% 以上的魔芋粉。普通魔芋微粉是指用魔芋片（条、角）经物理干法或鲜魔芋经食用酒精湿法加工初步去掉淀粉等杂质，制得的粒度 ≤ 0.125 毫米的颗粒占 90% 以上的魔芋粉。纯化魔芋精粉指用鲜魔芋经食用酒精湿法加工或用魔芋精粉经食用酒精提纯到葡甘聚糖含量在 85% 以上，粒度在 0.125～0.335 毫米的颗粒占 90% 以上的魔芋粉。纯化魔芋微粉指用鲜魔芋经食用酒精湿法加工或用魔芋精粉经食用酒精提纯到葡甘聚糖含量在 85% 以上，粒度 ≤ 0.125 毫米的颗粒占 90% 以上的魔芋粉。

依魔芋精粉加工过程可分为"干法"和"湿法"两种。"干法"是以芋角为原料，进行粉碎、研磨、杂质分离而获得精粉的方法，加工过程中不使用任何溶剂。"湿法"是以鲜魔芋为原料，在液体介质中粉碎和研磨，再经杂质分离、干燥等过程获得魔芋精粉的方法。将魔芋先按干法加工成普通精粉，再按湿法进一步除去精粉中的杂质或使精粉细化，称为"干湿结合法"。由于"干湿结合法"使用液体介质，所以也可归入"湿法"中。按细度分为普通精粉加工和微粉加工，两者均可以采用干法或湿法加工。按纯度分为普通精粉加工和纯化精粉加工，其纯化精粉加工，须采用湿法或"干湿结合法"。孙兴伟等近年发明了将鲜魔芋不经制芋角阶段直接加工成魔芋精粉，此方法也可归入干法加工类，见图 8-1。

魔芋精粉加工的核心是从魔芋块茎中分离和提取葡甘聚糖。魔芋葡甘聚糖在魔芋块茎中以粒子的形式分布。块茎的表层为叠生的木栓组织，不含葡甘聚糖粒子，表层下面皮层中含有的葡甘聚糖粒子少而小，去皮加工芋角、芋片，基本上不损失葡甘聚糖。魔芋精粉粒子多呈椭圆形，粒径为 0.2 ~ 0.6 毫米。每个精粉粒子由 1 个主含葡甘聚糖的异细胞构成。精粉粒子周围由主含淀粉的细胞和纤维

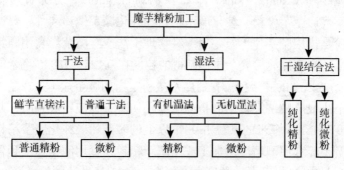

图 8-1　魔芋精粉加工分类

素包裹着，边缘明显，呈半透明状。自然包裹于精粉粒子表面的淀粉和纤维素，对精粉粒子起封闭作用，阻止精粉粒子之间的相互粘连。鲜魔芋脱水制成芋角、芋片后，精粉粒子的硬度和韧性大大增加。正因为精粉粒子的硬度远比淀粉粒大，所以必须用特殊的加工方法，如用碓臼冲击法，使粒子间长期地反复互相摩擦，将淀粉和纤维素变成极细的粉末——飞粉，用风力吸出，留下的即为精粉。

2. 魔芋精粉干法加工技术 魔芋精粉干式制粉，是将芋角、芋片直接粉碎，或将粗粉进一步粉碎，再靠风力作用，将脱离于精粉粒子表面的杂物迅速带走而成精粉。

（1）干魔芋片（角）加工精粉 其工艺流程如下：

干片（角）分选→粉碎研磨→分离→筛分→检验→成品包装

20世纪80年代中期后，加工精粉的设备基本上分为冲击式魔芋精粉机、辊式挤压魔芋精粉机和锤片式魔芋精粉机3大类，其中应用效果较好的是锤片式魔芋精粉机（图8-2）。该精粉机采用高速、高效率的锤片，对芋角进行粉碎，并融粉碎、揉搓、分离为一体，在3分钟内，可使魔芋角受到锤片线速度65～85米/秒、数十万次的冲击、碰撞、揉搓，从而得到理想的魔芋精粉，即葡甘聚糖粒子。在粉碎过程中，淀粉粒不耐冲击，很快被破碎成为100目以下的粉尘；精粉粒耐冲击，粒径能保持在40～100目。加之淀粉

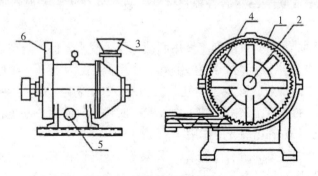

图8-2 魔芋精粉加工机

1.机盖 2.主轴 3.料斗 4.锤片 5.出料口 6.抽风端口

粉尘比重小，精粉粒子比重大，很容易通过气流，把淀粉粉尘分离出去。魔芋所含的生物碱主要存在于淀粉之中，可随飞粉被分离出去。所以，干法加工精粉，关键是靠风动作用，将脱离精粉粒子表面的杂物迅速带走，不停留在机器内。另外，干法加工中，必须控制粉碎过程中产生的过高温度，在高速粉碎过程中，伴随着气流，可以带走热量，保证安全。

（2）**精粉细化加工技术**　其工艺流程如下：

干湿法精粉→研磨（细化）→筛分→包装

微细精粉（大于180目）遇水即溶，膨化时间短，是生产速溶干饮料的原料及其他食品的添加剂。而魔芋精粉是坚硬带韧性的卵形结晶，所以在研磨过程中主要是控制升温，不允许超过微粉自身糊化温度，保证其不变性质、不变质量。

3. 魔芋精粉湿法加工技术

（1）**有机溶剂（指食用酒精）保护加工精粉**　其工艺流程如下：

选料→清洗→表面干燥→去根、芽、皮→粉碎（同时加入酒精、护色剂）→研磨→（过滤分离→洗涤→脱水→干燥）→回收酒精→筛分→检验→包装

选料时，尽量选择个大、体重的魔芋块茎，洗净泥沙、杂物。为防止去根、芽、皮时葡甘聚糖遇水膨化，应及时将块茎表面的水分晒干或吹干，然后去掉根、芽、皮，并将虫眼及腐烂变质处刮干净。

粉碎时采用有机溶剂（食用酒精）作为脱水性保护溶剂。若酒精浓度达65%以上时，酒精用量与鲜芋重量比为1∶1。在加工精粉过程中，将亚硫酸氢钠溶化，按100～300毫克/升的比例倒入65%以上的酒精配液缸（池）中，粉碎时按比例使用，以便起到漂白、脱水、防氧化褐变的作用。

用可调间隙的研磨机研磨，用连续式或断续式离心分离机过滤分离。为将精粉、灰粉、杂物、水等顺利分离，配装的滤网以100目为宜。

为进一步洗净精粉表面非葡甘聚糖物质，提高纯度，并节约酒精耗量，酒精可采用 30% 左右的浓度，以 60～80 转 / 分钟的转速，进行搅拌洗涤；再用离心分离机将洗涤后的精粉进行脱水，使其成为含水量为 40%～50% 的松散的湿状颗粒晶体。

干燥不是简单地除去晶体中的水分，重要的是通过干燥最终能保证葡甘聚糖的内在质量，因此它是湿法制取精粉的关键。气流干燥是较好的干燥方式。精粉干燥后含水率控制在 13% 以内，干燥温度为 90℃～100℃，时间约 2 分钟。温度低，时间短，达不到干燥的目的；温度过高，时间过长，将使葡甘聚糖糊化变色、变性、变质，影响色泽、黏度和膨胀系数。在烘干中，设备配套，风机、风压、风量、风速等参数的选择及调整，烘筒内壁加工光滑程度等因素至关重要。内壁不光滑，产生死角，少量精粉长时间在设备内烘烤变黄、糊化、变灰、变黑，混合在洁白的精粉中，严重影响产品质量。

在生产精粉过程中，要同时收集废液并迅速同步地回收酒精。

（2）**无机溶剂保护加工精粉**　其工艺流程如下：

洗料→清洗→表面干燥→去皮、根、芽→粉碎（同时加入无机溶剂、护色剂）→研磨→过滤分离→洗涤→脱水→干燥→筛分→检验→包装

无机溶剂湿法加工精粉过程中，采用无机溶剂的配方作保护剂加工出的精粉产品，有害物质的残留量应符合食品卫生标准规定。

（3）**干湿结合纯化加工精粉**　分低档次精粉纯化加工和干法纯化加工精粉技术两种。前者是采用质量等级较低的精粉，用浓度为 25% 的食用酒精、200 毫克 / 千克亚硫酸氢钠配成膨润保护、护色溶液，使保护溶液与低档次精粉按重量比 5∶1 进入加工流程，用 60～80 转 / 分钟的速度，搅拌 30～40 分钟，使精粉颗粒膨润增大，而又不产生膨化，然后再按湿法（有机）加工工序加工，以提高精粉质量。干法纯化加工精粉的方法是将湿法（有机）生产的精粉表

面黏附的微灰粉物研磨掉，而得到光滑、透亮、洁白的高质量的特级精粉。

（4）水粉碎速加工精粉技术　其工艺流程如下：

选料→清洗→表面干燥→去皮、根、芽→快速粉碎→快速过滤分离→保护洗涤研磨→脱水→干燥→筛分→检验→包装

魔芋葡甘聚糖粒子与水接触后极易膨化产生黏稠的溶胶，给粉碎操作带来困难。用水进行快速粉碎、快速分离，当葡甘聚糖粒子未及膨化时，就进入到酒精保护液中进行保护加工。这样，不仅可以减少酒精用量、降低产品成本，而且设备投资规模也小。目前，这种机器设备正在研制过程中。

1986 年西南农业大学和航天部 7317 研究所合作，根据干法生产工艺研制成功了 MJJO-1 型魔芋精粉机，首次用我国制造的设备生产出精粉进入国际市场。由于该设备成本低、工效高，至今我国魔芋精粉厂有 80% 仍用此设备。

4. 魔芋葡甘聚糖颗粒阻溶剂的选用　魔芋块茎磨碎时，葡甘聚糖颗粒立即吸水溶胀，随后粘连成块。磨碎时预先加入足量的酒精，则可防止溶胀粘连。为进一步选择更好的魔芋葡甘聚糖颗粒阻溶剂的配方，邬应龙、郝晓芸（1998）用以下 3 种水溶液进行了试验。

溶液 A：硼酸盐—柠檬酸盐—亚硫酸盐（硼酸含量 0.2%，柠檬酸含量 0.2%，亚硫酸盐含量 0.1%，pH 值 8～9）。

溶液 B：含 5% 硫酸锌，18% 硫酸钠，6% 柠檬酸，0.1% 亚硫酸氢钠（pH 值 9～10）。

溶液 C：含 18% 硫酸钠，3% 氢氧化钠，2% 焦磷酸钠，0.1% 亚硫酸氢钠（pH 值 13～14）。

试验表明（表 8-3），溶液 A、B、C 对葡甘聚糖颗粒均有一定的阻溶效果，但溶液 B、C 作阻溶剂时，滤渣经清水充分洗涤脱盐后又发生溶胀，经酒精沉淀处理所得制品溶胀性不良。溶液 A 作为阻溶剂，葡甘聚糖颗粒经清水充分洗涤后仍呈散粒状，干燥后所得

制品外观白色有光泽，溶胀性良好。从表8-3中还可看出，2%硼砂即可有效地抑制葡甘聚糖颗粒的溶胀，故溶液A中抑制葡甘聚糖颗粒溶胀的主体成分是硼酸盐（亦称阻溶剂A）。邬氏还对阻溶剂A与酒精的阻溶效果做了比较观察（表8-4），看出阻溶剂A对葡

表8-3 供试水溶液的阻溶效果

供试水溶液	供试精粉悬浮液	鲜魔芋破碎物	清水冲洗后	制品可溶胀性
溶液 A	+	+	+	√
溶液 B	+	+	–	×
溶液 C	+	+	–	×
2% 硼砂	+	+	+	√
0.4% 柠檬酸钠	–	–	–	√
0.1% 亚硫酸氢钠	–	–	–	√

注："＋"表示滤渣呈散粒状，滤液黏度在5帕·秒以下，即能抑制葡甘聚糖颗粒溶胀。

"–"表示葡甘聚糖颗粒溶胀粘连；但迅速加入酒精沉淀，压滤干燥仍可得到商品。

"√"表示制品可溶胀性良好，即制品加足量蒸馏水后在室温下静置2小时左右，溶胀粘连。

"×"表示制品可溶胀性不良，即制品不能糊化形成溶胶。

表8-4 阻溶剂A与酒精的阻溶效果比较

处　　理	95% 酒精	阻溶剂	水（对照）
40% 鲜魔芋 ＋140 毫升阻溶剂破碎物上清液（毫升）※	112	105	32
5% 魔芋精粉 ＋200 毫升阻溶剂悬浮上清液（毫升）※	192	182	<70
魔芋精粉吸胀率（倍）※※	2	5	>25
2% 魔芋精粉溶液与阻溶剂作用形成的沉淀 ※※※	白色棉絮状沉淀物	透明弹性凝胶状物	—

※ 鲜魔芋破碎物或精粉悬浮液静置10分钟后，离心（3 000转/分，15分钟）得上清液。上清液越多，说明葡甘聚糖颗粒溶胀程度越小。

※※ 魔芋精粉吸胀率=离心所得沉淀湿重（克）/精粉干重（克）。

※※※ 沉淀物短时间浸泡不溶于水，但搅拌放置或加热一定时间后均可溶于水。

甘聚糖颗粒的阻溶效果略低于酒精，但在魔芋精粉溶胶中葡甘聚糖分子与阻溶剂 A 作用形成的透明状的弹性凝胶物，其性状不同于葡甘聚糖分子与酒精作用形成的白色棉絮状沉淀粉，这可能是作用机制不同之故。

试验筛选得到的阻溶剂 A 由硼酸盐、柠檬酸盐和亚硫酸盐组成，其主体成分是硼酸盐。在鲜魔芋块茎磨碎时将阻溶剂 A 加入磨浆机中，能有效地抑制魔芋葡甘聚糖颗粒的溶胀粘连。溶胀抑制的机制可能是硼酸（盐）与魔芋葡甘聚糖分子形成复合物，产生分子间相互作用所致。

5. 魔芋精粉的质量及包装　魔芋精粉一般含葡甘聚糖 45%、蛋白质 10.99%、脂肪 1.52%，此外还含有钙、磷、铁、抗坏血酸、核黄素和硫胺素等。由西南农业大学、农业部食品质量监督检验测试中心（成都）、四川省产品质量监督检验所等单位，于 2000 年共同承担农业部《魔芋粉》行业标准项目的制定，在对各类魔芋粉多次多点取样检测和参考国内外许多相关技术资料的基础上，经过反复征求意见、讨论、修改，于 2001 年形成了中华人民共和国农业行业标准"魔芋粉"，2002 年初由农业部发布施行。该标准的主要技术内容和质量指标体现了我国现有水平，多数指标能与国际接轨（表 8-5 至表 8-7）。

表 8-5　魔芋粉的感官指标

类　别		级别　颜色	形　状	气　味
普通魔芋粉	普通魔芋精粉	特级　白色	颗粒状、无结块、无霉变	允许有魔芋固有的鱼腥气味和极轻微的 SO_2 气味
	普通魔芋微粉	一级：白色，允许有极少量的褐色		
		二级：白色或黄色，允许有少量的褐色或黑色		
纯化魔芋粉	纯化魔芋精粉 纯化魔芋微粉	特级：白色 一级：白色		允许有极轻微的魔芋固有的鱼腥气味和酒精气味

精粉应用经消毒的绝潮物或容器密封包装。一般采用5层包装，即内层为塑料袋，中间3层为牛皮纸，外层为尼龙袋。封装好后，置于通风、干燥、无光处保存，并保证温度不高于30℃、空气相对湿度不高于80%。

表8-6 魔芋粉的理化及卫生指标

项 目		普通魔芋粉			纯化魔芋粉		
		特级	一级	二级	特级	一级	二级
黏度（4号转子，12转/分，30℃）	≥	22 000	18 000	14 000	32 000	—	2 8000
葡甘聚糖（以干基计%）	≥	70	65	60	90	—	85
二氧化硫（克/千克）	≤	1.6	1.8	2	0.3	—	0.5
水分（%）	≤	11	12	13	—	10	—
灰分（%）	≤	4.5	4.5	5	—	3	—
含沙量（%）	≤	—	0.04	—	—	0.04	—
砷（以As计毫克/千克）	≤	—	3	—	—	2	—
铅（以Pb计毫克/千克）	≤	—	1	—	—	1	—
粒度（按定义要求%）	≥	—	—	90	—	—	—

表8-7 陕西省魔芋精粉质量标准

项 目	一 级	二 级	三 级
葡甘聚糖（%）	≥60	≥50	≥45
外观颜色	颗粒透明，白色颗粒>90%	颗粒较透明，白色颗粒>70%	浅黄色至黄色
颗粒度（通过40～50目筛）	≥96%	≥93%	≥90%
水分（%）	—	≤13	—
灰分（%）	—	≤6	—
铅（毫克/千克，以Pb计）	—	≤1	—
二氧化硫（克/千克）	—	≤0.7	—
砷（毫克/千克，以As计）	—	≤3	—

注：1991年陕西省技术监督局作为省级地方标准发布。

魔芋精粉可代替普通淀粉作建筑涂料、纺织与印染业的浆料、农药的乳化剂和钻井液、工业用糊等。因魔芋精粉中含有丰富的葡甘聚糖，能降低人体胆固醇的含量，因此还可用于减肥。

（四）魔芋豆腐种类及制作

魔芋豆腐即凝胶块，可加工成多种魔芋菜。过去多用鲜魔芋或魔芋全粉生产，目前多用魔芋精粉加工成均匀而富弹性的半透明凝胶体。如在精粉溶胀过程中添加适量海藻粉、米粉、豆粉、乳品、蔬菜汁等，则又制成不同颜色、不同风味和口感的魔芋豆腐。

1. 摔浆魔芋豆腐　这种豆腐又叫擦浆、摔浆或擦芋豆腐。是将魔芋洗净，除去外皮，再磨擦成浆，即制成芋糊。

制作芋糊是关系到生产摔浆魔芋豆腐成败的关键。因此，要掌握好两点：一是要磨细。磨得愈细愈好，切忌有粗粒和芋块；二是加水要适量。水要分次慢慢添加，水量太多难以凝固成形；水量太少，出豆腐率低，影响经济效益。用擦浆法制魔芋豆腐时，1千克鲜芋可制 6～8 千克豆腐，加上煮豆腐时水分的蒸发，共需加水 7～10 升。磨浆时，先加入总加水量的 1/2，浆磨好后再将水加足。如果磨浆时水量太少，浆容易凝结成肉红色的硬块，难以分散溶解到水中，阻塞磨眼，不易磨出；而且在熬制豆腐时，凝块内夹有生胶，易使人中毒，同时豆腐产量也低。所以，磨浆时可在 1 千克鲜芋中加入 50 克纯碱和 4 升清水，再用石磨或粉碎机打细。如果没有纯碱，也可用灰碱水即草木灰水代替，但灰碱水浓度不一，用量不好掌握。

制作芋糊一般是用生魔芋块茎直接擦磨成浆，而有些地方则是先将魔芋块茎刨成薯丝状或切成块状或片状，置蒸笼或锅里蒸煮至熟透，用手捏丝、片或块能稀烂，无块状物时，趁热拿到石臼或磨浆机上加工成芋糊，再向芋糊中加水、加碱，熬制成形。用生芋丝糊煮制的豆腐，较熟芋丝糊煮制的豆腐弹性差，炒食的味道也不及熟磨的松脆可口。

制作芋糊的方法有石臼舂磨法、人工擦磨法和机械磨法等多种。石臼舂磨法制浆时，先将芋丝或芋片放入石臼，用木槌或石槌反复舂磨，捣碾成半糁状的芋糊，加水量由少到多。每次加水后，都要把芋糊反复捣碾搅拌，打散结核和块状物。最后一次加水时，每千克鲜芋用纯碱10～20克或稻草灰碱2汤匙，溶于温水中，再倒入臼内搅匀。人工擦磨法是用自制的简易铁皮擦磨器（将长15～20厘米、宽10～15厘米的铁皮用铁钉钉穿成许多密密麻麻的小孔，把粗糙的背面朝上，装钉在木框架上），直接将魔芋磨成芋糊。芋糊中，每千克鲜芋加温水3升，加纯碱10～20克，反复搅匀。机械磨制法，是将芋丝或芋块倒进磨浆机中，直接磨成芋糊。一般要磨2次，在磨制过程中加水、加纯碱。

磨成浆汁的干稀度，以静置后能成形、刀切能成块为宜。如浆汁过干，制成的豆腐不细嫩，数量少，也不好吃；浆汁过稀，则不能成豆腐，而变成糨糊。

浆液磨好后，倒入不粘油质的铁锅中，煮至半熟时掺入纯碱水。加纯碱量为1千克鲜魔芋加白碱20～50克，或加入5%生石灰水。加碱后搅匀，而后用大火煮，边煮边搅，至熟透后停火。停火后让其静置冷凝，直到用筷子插在上面能够立稳时，再用刀在锅内将其切划成大块，加入清水再煮。此时，即使用大火猛煮，也不会煮烂，而且愈煮愈软。最后，把它放在清水中充分漂煮，除去涩味后即可食用。也可将豆腐煮熟后取出，放入冷水中浸泡1天，除去多余碱质后食用。

用纯魔芋制作豆腐，成本高，韧性也太强，颜色灰黑。有人在制作时适当掺些米粉、芋粉、豆粉、海带粉、萝卜、胡萝卜或其他调味品，这种魔芋豆腐，不仅颜色好看，而且风味更佳。其具体制作方法：魔芋粉50克，米粉25克或芋头粉25克或白萝卜（白菜、芹菜、番茄）汁50克，加冷水调成浆液，慢慢倒入5升开水中，边倒边搅，然后煮30分钟，再加25～50克纯碱或小苏打，快速搅拌，浆液即由灰绿色变成白色。接着用小火煮4小时即成。

　　还有人根据消费者的需求，在制作魔芋豆腐时加入营养物质、色素和香料等。例如：①加茶魔芋豆腐。魔芋粉加水后与茶汁搅匀，再加入消石灰，用70℃的温度加热30分钟，冷却即成。②加味魔芋豆腐。魔芋粉150克，水4300毫升，加入调料，加热至55℃～60℃，搅拌5～10分钟，再加4克熟石灰搅匀，用80℃的温度加热30分钟。③豆乳魔芋豆腐。魔芋粉2份、全脂大豆粉1份混匀放水中，搅拌15分钟，静置2小时，煮沸。然后加入0.5%的石灰水，搅匀，成形。④掺奶魔芋豆腐。魔芋精粉1份，牛奶或羊奶0.5～3份，加水稀释至30～90倍，搅匀，煮制。⑤肉味魔芋豆腐。在魔芋溶胶沸腾后加入凝固剂，开始形成凝胶时，加入畜禽类的肉末等，制成肉味魔芋豆腐。

　　2. 温浆魔芋豆腐　将魔芋磨成浆液，掺入5%生石灰水后用小火煮，使锅内温度保持35℃～40℃，经1夜（约8小时），当其凝固并变成灰白色时冷却切块，再加清水用大火煮熟，或切块后蒸熟。

　　3. 冻浆魔芋豆腐　将加碱后的魔芋浆液倒入锅中。在冬季有霜的夜晚，置于室外，使浆液经霜冻后凝结成块。再加清水，用大火漂煮，去涩后食用。

　　4. 用干魔芋角或魔芋片制作魔芋豆腐　将芋角或芋片粉碎，除去部分灰分，余下的大部分是葡甘聚糖。按重量加入25～45倍的水，充分搅拌后加热，煮制成魔芋豆腐。

　　5. 用魔芋精粉制作魔芋豆腐　将精粉1份投入重40～90倍的水中，不断搅动，旺火烧沸。然后控制火力，维持沸腾状态。当魔芋精粉颗粒由固态变成液态溶胶时，加入4%～10%碳酸氢钠或石灰等碱性物质，作凝固剂，继续烧煮。当溶胶开始凝固时关火，保持几分钟。待凝胶表面不粘手时，用刀切划成块，加入热水或冷水，翻动凝胶块，大火煮沸，直至凝胶有弹性时关火，从锅中取出即可。食用时，切分后放入沸水锅内煮一下，除去余碱，再进一步烹饪。

6. 魔芋粉制豆腐 1千克魔芋粉，加0.5千克米粉，或0.2千克芋子粉，或1千克白萝卜汁，冷水调匀后慢慢倒入开水中搅匀。煮熟后呈亲水溶胶状态时，再按魔芋粉：碳酸氢钠粉（或烧碱）为1：0.5～1的比例加入碱。将碱用水化开，慢慢倒入锅中，迅速搅动。这时，溶胶颜色先变为灰绿色，再变为灰白色或灰黑色。继续搅动，再煮30分钟。当用手按压豆腐表面，不粘手时为止。如果加碱量少，豆腐不凝固时，应再加些碱，继续煮至凝胶形成时停火，闷30分钟。然后，加入冷水，用刀切划成大块，捞出滤干。将锅洗净，另加清水，倒入魔芋豆腐，大火猛烧，换几次水，至水中无涩味时即可食用。一般50克干粉可制作3.5～4.5千克豆腐。将熟魔芋豆腐泡入冷水中，每天换水1次，1个月不会变质。

魔芋葡甘聚糖是目前国内天然食品增稠剂中最理想的产品，2%魔芋葡甘聚糖溶液1小时即可形成胶冻或凝胶。1%一级魔芋精粉溶液在21℃时、30分钟内黏度值能达到4帕·秒的，其颗粒度较为适宜。颗粒太粗的，水化溶解速度慢，影响产品质量。魔芋葡甘聚糖水化的合适温度为36℃～70℃。魔芋豆腐形成的最佳pH值为10.5～11.5，最佳胶凝温度为70℃。另外，魔芋豆腐制作过程中有脱水收缩现象，制作魔芋豆腐时，应选择120～160目的精粉为原料，或者选用36℃～70℃的水，使精粉膨化后，用高压均质粉碎的办法，使之粉碎至300～360目，而后在pH值10.5～11.5、温度70℃条件下制成魔芋豆腐，可使脱液量减少。

制作魔芋豆腐应注意的问题：①在磨制芋糊、煮制、凝固成形等过程中，不能与酸类、油脂接触，用具也不能沾上酒或油，以免引起碱性被中和而无法凝固，或葡甘聚糖被水解而造成失败。②在加工过程中，要尽量减少魔芋切面与空气的接触时间。块茎去皮后，要浸入清水中，减轻氧化程度。块茎切丝、切片后，抓紧熟化，或浸入1%石灰水或浓盐水中，避免褐变。同时，要尽量避免与铁、铜等器具接触。③喝酒后的人不要参加加工魔芋豆腐，防止酒气影响魔芋豆腐的凝固成形。④煮制魔芋豆腐，要待切块里外都凝固熟透后才能起锅。外熟里生的，冷后会回软而失去弹性。⑤加工魔芋豆腐时加碱量要适当，加碱太少不会凝固；加碱太多则产品色深、碱味浓，又不易清除，影响产品质量。

7. 魔芋冻豆腐加工 魔芋冻豆腐是以魔芋粉和大豆蛋白的复合体为原料制成。其加工方法：取 7.5 克魔芋精粉，加入 0.4 克淀粉乙二醇酸钠、2 克胶原、0.1 克纤维素乙醇酸钠、0.05 克 δ- 葡萄糖酸内酯、0.05 克聚磷酸钠，不断搅拌混合后，慢慢加入到 100 毫升水中，加热至 40℃左右，成为胶体状膨胀溶液，再将 50 毫升豆浆倒入该溶液中，混合搅拌后加入悬浊液。悬浊液是由 0.1 克硫酸钙、0.1 克 δ-葡萄糖酸内酯、8% 碳酸钠溶液和 6% 碳酸钾溶液配制而成的。上述混合液不断搅拌后于 85℃～95℃热水中加热约 30 分钟，便成为魔芋和豆腐的复合体。用普通方法使其成形后切断置于 –6℃条件下冻结，并在 –2℃条件下陈化 20 天，浇水解冻后脱水，在60℃条件下干燥，便成为以魔芋和大豆蛋白为原料的冻豆腐。

8. 魔芋块茎 1 千克、水 3 升、碱 50 克制作魔芋豆腐 其制作工序如下：

第一，魔芋块茎洗净刮皮，切成小块，置磨浆机中反复磨 2 次，边磨边加水，加水量约为块茎的 2 倍。第二次磨时加入比鲜芋重 1倍左右的碱水。碱水按每千克块茎加碱 30 克，溶于 1 升水中。如果蒸煮熟后磨浆，则质量更好。

第二，凝固成形。有 3 种方法：一是热水漂煮凝固法。将魔芋浆液自然静置数十分钟，然后分割成块状。漂煮时，先将锅中水烧至 90℃左右，按每 10 千克加碱 20 克，作为魔芋糊在漂煮时块内碱水渗出的补偿。将成形的浆块缓慢放入热碱水中，保持水温80℃～90℃。焖煮 1 小时左右，使其熟透凝固成具弹性的魔芋豆腐块，用刀切开，中心已凝固又不粘刀即可。二是直接加热凝固法。将磨好的浆液倒入大锅，用火直接燃烧煮熟凝固。边煮边搅，待浆液加热至 90℃左右时，再用文火煮 30 分钟左右，然后熄火，冷却至用筷子一插能立得稳时，用刀在锅内将其切块，加入清水煮透。

最后取出，放入清水或碱液中贮存。三是蒸汽加热凝固法。魔芋浆液不必静置成形，可直接摊入铺有垫布的蒸床中，上面抹平，厚3～5厘米，并让其在蒸床中静置数分钟，然后置蒸锅上或用锅炉蒸汽直接加热成形。待完全蒸透、凝固成形，起出冷却或置清水中漂洗即可。

9. 普通豆腐添加魔芋精粉制作新型豆腐　将魔芋精粉与黄豆按比例称好，用温水糊化。按常规制作豆腐的方法泡豆、磨浆、滤浆。在熬浆前，把魔芋糊精按比例加入豆浆中，充分搅拌均匀，熬浆，点卤，上箱成形。这种豆腐比一般豆腐韧性强，保水性好，不易破散，口感细腻，外观白嫩，烹调时吸味性强。用它制作豆干、豆丝、素鸡、蛋白肉等更接近肉食品的风味，并增添了有益于人体的半流质纤维，弥补了植物蛋白的不足。

10. 魔芋豆腐加工新方法

新魔芋→切片烧干→魔芋白干→粉碎（磨）→魔芋粉→加水搅拌加热→胶浆→搅拌加配料→胶浆→搅拌加入 0.5% 凝固剂胶浆→形成膜在水中加热→凝结成软胶→冷却 5 小时左右→魔芋豆腐→加水煮沸除碱→魔芋豆腐成品

（1）**磨粉**　鲜魔芋加工成魔芋粉。

（2）**胶浆**　将魔芋粉和水按 1:25～30 的比例，放在锅内搅拌均匀，边搅拌边加热，直至煮成胶浆，加适量配料（如米粉或其淀粉）、适量加水继续搅拌，至配料与魔芋胶浆融为一体。这时掺入0.5% 的碱水，控制 pH 值 8～9.5。碱过量、碱味重，影响质量；碱过少，魔芋浆水不凝固，难成豆腐。

（3）**除碱和漂白**　魔芋豆腐凝成软胶后冷却 5 小时左右，再放入水中煮，除碱和漂白。这时的魔芋豆腐颜色洁白或灰白，碱味淡，可制成其他魔芋系列产品，如魔芋糕、雪魔芋等。实践证明，最佳料、水、凝固剂溶液之比应为 1:25:9，这样做出的魔芋豆腐凝固非常好、味最佳，不软不硬，非常适口，魔芋豆腐的获得量也最多。pH 值以 8～9 为最佳，超过 9 碱性重，口感差；但 pH 值 8

以下，魔芋胶浆不易凝固，漂浮在水面上。在原料和水量一定时，随 pH 值的增大，魔芋的凝固越紧实。

11. 魔芋黄豆豆腐加工 魔芋黄豆豆腐是在黄豆豆腐中添加魔芋精粉制成，黄豆与精粉之比为 100∶17。方法是用磨浆机或石磨将黄豆打（或磨）成浆，加入魔芋精粉，不停搅动，使之充分均匀融合并凝固。在锅里加水煮，直至煮沸，这时用石膏或酸水点豆腐，凝结成块后用瓢舀到框架上沥水即成。它比传统豆腐韧性强，不散、保水、保鲜性好，外观白嫩细滑，口感韧绵爽脆，烹调时吸味性强。用其制作豆干、豆丝、素鸡等，其风味接近肉类，且能延长贮存时间。

（五）雪魔芋（冻魔芋）制作

雪魔芋起源于 20 世纪 30 年代的四川峨眉山金顶。现已成为传统的大宗产品，深受国内外市场的欢迎。

雪魔芋生产，无论是原始作坊，还是现代标准化、工厂化生产，其基本工艺流程是一致的。目前，较好的制作工艺流程如下：

原料筛选→制粉→配方→制胚→冷冻→解冻脱模→脱水整形→干燥→筛选包装

1. 原 料

（1）魔芋 可以用精粉，也可用芋角（片）。峨眉山的雪魔芋主要用芋角（片）制作。芋角要用当年收的，颜色为白色或微黄色，身干，水分低于 15%，无霉变，无焦斑，表面去皮率达到85%。同时，原料的各种理化指标应符合食品卫生要求。

（2）大米 选用无霉变、无虫蚀、无糟化的新鲜产品，水分应低于 15%。原料的各种成分符合国家粮食指标要求。

2. 制粉 将魔芋粉碎，使之颗粒达到 60～80 目。大米粉碎后，控制目数与魔芋相同。

3. 配方 一般情况下，魔芋、大米、添加元素的比例范围为38%～48%、50%～60%、0.1%～2%。

4. 制胚　制胚是将配方料熬煮、老化、固形成为魔芋糕。

（1）**熬煮**　大批量标准化生产，一般采用蒸汽夹层锅，以蒸汽为加热介质。制作时，当水温升至50℃～70℃后，将配方料倒入锅中，搅动，使之逐渐熟化，与水融为一体。魔芋葡甘聚糖和大米淀粉充分熟化溶胀后，及时加入食用碱，促使锅内物料加速熟化溶胀、化清、凝固。在物料凝固瞬间的前后5～10秒钟内，迅速将流质浓料倒入固形箱内。熬煮时，应掌握好配方料与水的比例，通常为1∶18～22；配方料与碱量的比例，通常为1∶0.02～0.05；下料时的温度为50℃～70℃。

（2）**老化**　仍然以采用蒸汽介质加热为好。制作时，先将固定箱内的魔芋糕切成规范形状，然后输送到老化锅内，用80℃以上的水温煮沸10～12分钟，使产品的韧性和强度增加，含碱量均匀、适度。

（3）**固形**　将老化后形状规则的制品放入固定盛器内，在一定温度条件下，形成固定的形状。

5. 冷冻　冷冻是制作雪魔芋的关键工序。大批量工厂化生产雪魔芋时，冷冻分3个阶段进行。

第一阶段：将固形后的制品，采用风冷、水冷以及自然降温的方法，使其温度逐渐降低至常温以下。

第二阶段：将冷却过的制品，及时迅速转入有冷冻条件的库房内，用5℃左右的温度，经20～30小时，进行预冻处理。

第三阶段：将预冻制品迅速转入机械冷冻库，用-18℃～-10℃的温度冷冻48～72小时。

6. 解冻脱模　将冷冻后的制品放在常温下或水中进行自然解冻，使制品与盛放容器脱离。应注意，脱模温度不能高于23℃；脱模应顺其自然，不能强迫进行。

7. 脱水　一般用离心机脱水，使脱模后的产品含水量低于28%。脱水后，产品外形发生极大变化，需在整形复原后，再进行干燥。

8. 干燥　可用烘干炉、红外线、机械强热等多种方法进行干燥，使脱水后的制品含水量低于 15%，然后再进行等次筛选，分类包装。

干燥后的产品，要求外观形状基本平整，大小、重量均等，孔隙大小均衡，水分含量不能超过 15%。其质量评价标准包括感观（如形状、颜色、孔隙大小、均匀度和表面特征等）、口感（如松软、化渣、脆、韧、味纯等）、理化指标（如蛋白质、淀粉、脂肪、水分、碱及葡甘聚糖的比例等）及卫生指标（如铅、铜、砷等的含量）等项。

农家少量生产时，一般是将加碱煮熟去涩后的魔芋豆腐切成方块，埋入雪中或置冰箱中，于 −18℃～−10℃ 低温冷冻 48～72 小时，使豆腐内的水分结成冰。结冰的豆腐，遇热后溶解，就成为海绵状的雪魔芋，然后切成小片晒干或烘干。食用时，用热水泡胀后挤干水分，放入烹制好的鸡、鸭等肉食品中，略煮即可。也可炒食。

（六）可逆性魔芋制品

该产品是日本原雄研究成功的新的食品添加剂。制作方法有 2 种：①用魔芋粉 1 克加水 1 000 毫升，搅拌后膨润 30 分钟，静置反应 12 小时。然后，加入 5 克柠檬酸钠作触媒，充分混合，加温至 70℃～79℃，保持 5 小时即成。②用魔芋精粉 40 克加水 1 000 毫升，搅拌 30 分钟，放置 12 小时，再加柠檬酸钠 10 克、碳酸钙 2 克搅匀，保持 90℃±5℃ 温度 2 小时即成。这种制品在温度 60℃ 以上时呈凝固状态，温度降低后变软，温度 15℃ 时变成液体。而且这种性状还可随着温度的变化反复出现。因而特别适宜添加到糕点、豆浆、果酱、肉制品、酒类及茶等食品中，供炸、炒、烧及蒸煮用。还可制作成新鱼糕（在加有调料的鱼肉酱中加入 10% 的淀粉、3% 的可逆性魔芋混匀，成形后用 80℃～90℃ 的温度蒸煮）、新豆奶（市售豆奶中加入 0.5% 的可逆性魔芋）等制品。

2008年华中农业大学食品科学技术学院孙建清等人采用响应面分析法对可逆性魔芋葡甘聚糖凝胶的制备条件进行了优化，观察了不同碱试剂及其浓度对可逆性魔芋葡甘聚糖凝胶特性的影响。结果表明，在碳酸钠、磷酸钠、氢氧化钙和磷酸氢二钠4种碱试剂中，采用磷酸氢二钠可在中性或弱碱性条件下制备可逆性魔芋葡甘聚糖凝胶；魔芋葡甘聚糖浓度、磷酸氢二钠浓度和加热时间对可逆性魔芋葡甘聚糖凝胶特性有显著影响；可逆性魔芋葡甘聚糖凝胶最佳的制备条件为魔芋葡甘聚糖浓度2.82%、磷酸氢二钠浓度1%、95℃加热3小时。在该条件下制备的可逆性魔芋葡甘聚糖凝胶，在4℃以下存放后呈溶胶状，而再次加热后呈凝胶状。

（七）魔芋罐头种类及制作

1. 魔芋排骨罐头 魔芋豆腐切分成长4.5～6厘米，宽、厚均为1～1.5厘米的条，沸水烫漂备用。猪排骨划条，预煮后切成长1.5～2.5厘米的小块。装入罐头盒中，加汤汁。汤汁用猪骨汤、食盐、老姜、青葱煮沸而成。原料装罐后，排气密封，再进行灭菌。

2. 魔芋鸡罐头 冻鸡解冻后除净毛，净膛，去头爪，置姜、葱水中预煮约25分钟，至鸡肉中无血水流出时取出，冷却；切成长4～6厘米、宽2.5～3.5厘米的小块。魔芋豆腐切成长4.5～6厘米，宽、厚均为1～1.5厘米的小块。用猪骨汤和鸡汤各半，加食盐、白胡椒粉、酱油、砂糖、味精、黄酒、姜、大茴香、麻辣油等混匀，作调味汤。将鸡肉、魔芋、调味汤及鸡油（或猪油）装入罐头盒中，再排气密封、灭菌。

3. 红烧魔芋鸭罐头 冻鸭解冻，预煮，切成块。魔芋豆腐切块，置沸水中煮3～5分钟。辅料有食盐、白糖、黄酒、食用植物油、酱油、味精、花椒、辣椒、老姜、葱和豆瓣等。调制方法是：先把植物油投入锅中，加热至100℃。再放鸭肉、魔芋块、酱油、食盐、砂糖、姜、葱、豆瓣，炒拌均匀后，加煮鸡汤，继续加热25分钟。准备起锅时，再加入花椒粉、辣椒粉、味精、黄酒，拌匀起锅。将鸭肉、魔芋块、浮油（或鸭油）、汤汁装入罐头盒中，排气密封、灭菌。

4. 魔芋牛肉罐头 按水、牛肉、芹菜为 150∶100∶1 的比例加入牛肉和芹菜，煮制 45 分钟，捞出牛肉，切成小块。按 1 千克魔芋精粉、50 克食用碱、25 升水的比例，先把食碱溶于沸水中，再加入魔芋精粉搅拌至糊状。装入不锈钢制的定型盒中，放入蒸锅中，用 100℃的温度蒸 1～1.5 小时至熟，取出切成片或条，用水泡除余碱。将切好的牛肉和魔芋片，按牛肉 230 克、魔芋片 150 克，装入 500 毫升洗净的玻璃瓶中，加入调味汤 110 克，用真空封罐机封口、灭菌、冷却、出锅检验后即成。

调味汤的配制方法：牛肉汤 5 千克，酱油 900 克，砂糖 500 克，味精 150 克，白酒 50 克，麻辣油 30 克，陈皮 25 克，大茴香 35 克，肉桂皮 200 克，青葱 1 千克，大蒜 180 克，生姜 270 克，精盐 300 克。先把生姜、桂皮、陈皮、青葱、大蒜、大茴香等放在汤中，煮沸 30 分钟，熬出香味，捞出残渣，再加入其他配料。最后加入白酒，用纱布过滤即为调味汤。

5. 糖水魔芋胡萝卜罐头 选新鲜、颜色鲜红、心轴细、肉质脆嫩的胡萝卜洗净，用碱液去皮后冲净，泡在水中并削去残皮、须根和两端。按要求切成短条。魔芋豆腐切块，块长 4～6 厘米，宽、厚均为 1.5～2 厘米。分别预煮 5～20 分钟，用冷水冷却。将魔芋块和胡萝卜按比例装入罐头瓶中，加入温度为 70℃、40%～45%的糖水（煮沸后过滤），然后排气、密封、灭菌。

6. 魔芋精粉罐头 取魔芋精粉 1 千克，食用碱适量，冷水 26.5 升。将食用碱溶于冷水中，测 pH 值达 11.2 左右。然后，将精粉倒入水中，搅拌 2 分钟，再倒入大锅中的蒸屉蒸 1 小时。翻转后再蒸 1 小时，使其成为有小蜂窝状的白色精粉豆腐。将魔芋豆腐切成长 20 厘米、宽 5～7 厘米、厚 2 厘米的豆腐块，或切成长 6 厘米、宽 0.5 厘米、厚 0.3 厘米的薄片，装入罐头瓶中，添满盐水（1 升凉开水，加精盐 5 克），加盖密封，放入高压灭菌锅中，用 667.8 千帕

（15 磅）的压力灭菌 15 分钟。

7. 盐水魔芋罐头　将优质魔芋精粉、大米粉、水按 1∶1.5∶40～50 的比例配制混匀，加纯碱液，在 50℃～70℃条件下加热凝固成形。然后切成 20 厘米见方的小块，投入沸水中煮熟，再用流动水去冲洗碱液，再切成 2 厘米×3 厘米×0.5 厘米的薄片，用 0.05% 柠檬酸溶液煮沸 5 分钟，再用流动水冲洗掉残留酸碱液，沥干水分。用 1∶24 盐水液煮沸 5 分钟，然后将凝胶片与盐水液按 2.6∶1 的比例计量装罐。

（八）魔芋粉丝（魔芋丝）

1. 手工制作魔芋粉丝　取魔芋精粉 1 千克，加食用碱 25 克、凉水 24.5 升搅拌成稀糊，加热熬成稠糊，再放入粉瓢中。粉瓢孔距 1 厘米，孔呈菱形，孔大小为 0.5 毫米×2 毫米。将粉瓢置开水锅上方，水中加 1% 食用碱，将粉丝漏入沸水锅中，待粉丝煮熟后捞出，放入冷水中冷却即成。也可取淀粉总量的 4%～8% 作芡粉，用相当于芡粉重量 2～3 倍的水浸泡 30 分钟，再用相当于芡粉重量 2 倍的清水稀释成淀粉浆，待完全没有结块、呈淀粉乳液时，迅速加入芡粉重 20 倍的沸水，不断搅动，淀粉乳液很快由白色变为透明的带油浸状的熟浆（熟芡）。再用相当于淀粉重量 2%～5% 的魔芋精粉，投到 60 倍水中，搅动，待魔芋精粉完全呈溶胶状态时，停止搅拌，存放待用。揉粉缸先加热，温度保持 37℃～40℃，投入少量热水，加入热水量 1%～4% 的明矾。明矾溶化后，加入淀粉、熟芡、魔芋溶胶，混匀。将面团充分揉熟，至手捏面团、面团下流时呈直线且均匀不断、流动顺畅、线条边缘光滑、不呈锯齿状时，再行漏粉。用手工或小型漏粉机漏粉，将粉漏入 98℃～100℃ 的沸水锅中，待其煮熟浮在水面时，捞入冷水池中冷却，再移入盛有 1% 浓度疏散剂（麦芽粉、卵磷脂等）的桶中进行疏散，然后将粉捞出整理成把，挂晾于竹竿上。经 21～48 小时，将粉把搓揉，疏散 21 小时后再进一步搓揉，清理并条，再行晾干，然后包装。

2. 机器制作魔芋粉丝 使用的机器有两种类型：一种是以挤压产生摩擦热，使淀粉熟化后，制成粉丝。其制作方法：取淀粉总量 2%～5% 的魔芋精粉，淀粉量 35%～45% 的水，淀粉量 0.1%～0.3% 的明矾。用少量水将明矾化开，加入淀粉及魔芋溶胶混匀。熟化 10 分钟，投入粉丝机的大孔径中。反复挤压，待淀粉团熟透时，移入机器另一成形孔中成形。粉丝挤压出来后，经风机送来的冷风迅速冷却。按一定的长度挂在竹竿上，经 48 小时后开粉、晾晒、捆扎、包装。另一种方法是用加热自熟式粉丝机制作魔芋粉丝。其制作方法：将明矾用水化开，将魔芋精粉膨化成溶胶，水的用量为淀粉总量的 60%～80%。将淀粉、魔芋精粉、明矾充分混合成淀粉糊。将淀粉糊投入进料口中，机器的水温为 100℃。将淀粉糊熟化后经高压喷头，挤压出粉丝。

魔芋粉丝的包装有湿包装和干包装两种。湿包装时，将湿粉丝装入掺有精盐和保鲜剂的凉开水的塑料袋中封口，然后放入高温 130℃ 的灭菌器中蒸煮 2 小时，取出即成。干包装时，将湿粉丝捞出挂在粉棍上，均匀地摆开晾干或烘干，干燥后封装成盒。

（九）魔芋米线

魔芋米线是贵州民间的传统小吃。制作方法是将鲜魔芋剥皮煮熟舂烂，加水拌匀捏细，装入压模机压入沸腾的石灰水溶液中变硬成型，捞出即成。还可以大米作原料，按 5% 左右米面混入魔芋浆，经加工而成大米魔芋米线。其方法：大米加适量水（米水比 1∶15）浸泡 20～25 小时，捞出后用清水冲洗，再用机械打成米浆，装入布袋扎口，静置 48 小时沥出水分，加入一些碎米蒸熟。魔芋粉和水按 1∶20～25 煮熟成稠糊状并搅拌混匀。将米粉糊与魔芋糊混合拌匀，制成混合物，装入米线压制机，压入锅内沸腾的石灰水中，煮到不麻口时捞出即可。这种米线光亮、润滑、爽口，富有弹性。

（十）魔芋挂面

用小麦粉、优质魔芋精粉作原料。小麦粉的质量对面筋的质量影响很大。面筋蛋白主要由麦胶蛋白和麦谷蛋白构成，面粉加水后它们吸水膨胀形成面筋网络，并与周围的淀粉互相黏结形成具有弹性和延伸性的面团。新面粉中还原性物质含量高、酶活性强，影响面筋的形成，所以新加工的面粉必须存放 7～22 天，待其自然成熟后再用。水要符合卫生标准，无气味，硬度＜10（以碳酸钙计＜180 毫克/升），pH 值 7.5～8.5，铁含量＜1 毫克/升，锰含量不超过 1 毫克/升。魔芋挂面的加工工艺流程如下：

面粉、水、添加剂 ——┐
　　　　　　　　　　├→和面→熟化→压延→辊轧→
魔芋溶液 ———————┘

干燥→切断→计量包装

1. 配制魔芋精粉溶液及和面　以面粉量为准，取 3‰～5‰的魔芋粉、26%～30% 的水，置搅拌器中搅拌作用 25 分钟，静置糊化 2 小时。再将该溶液代替水，加入和面机中，与面粉一起搅拌 10～12 分钟，待其呈豆腐渣状的疏松颗粒，大小、干湿、颜色均匀，手握成团，轻轻揉搓后能呈松散小颗粒状时，静置熟化 10 分钟，使之消除内应力，进一步形成面筋质的网络组织。应注意的是，和面时应全部用精粉溶液代替水，不可同时加水和溶液和面。魔芋精粉的比例要控制在面粉总量的 3‰～5‰范围内，低于 3‰时效果不明显，超过 8‰时搅拌困难。

2. 压片与切条　将面压成厚薄均匀、平整光滑、无破边、无洞孔、无气泡的面片，切成条，然后烘干，再切成一定长度的挂面。

应注意的是干燥条件对挂面质量的影响。魔芋精粉的持水性较强，干燥过程中水分扩散速度较慢，采用通用的三段式热风干燥技术，产品表面粗糙，且易断条。王辰（2000）研究了魔芋挂面在低温高湿条件下的干燥技术，通过对产品质量进行分析，确定采用高温高湿干燥、低温低湿保潮交替进行的干燥方法。这一方法可获得品质较好的魔芋面条产品，有利于降低产品的蒸煮吸水率和干物质的失落率，产品弯曲变形小，弹性好，韧性强，煮时不浑汤，质地均匀，表面光洁。最佳干燥条件为：预热温度35℃，空气相对湿度70%，时间70分钟；前期干燥温度40℃，空气相对湿度80%，时间30分钟；保持温度25℃，空气相对湿度70%，时间30分钟；后期干燥温度40℃，空气相对湿度80%，时间30分钟；尾期干燥温度30℃，空气相对湿度70%，时间80分钟。

3. 计量和包装　计量和包装时称重要准确，净重偏差应控制在±1%。

4. 面头处理　干面头宜用湿法处理：将面头放入浸水池或容器内，泡至面头过心，再掺入和面机中与小麦面一起和面。

（十一）魔芋冷食品制作

1. 魔芋鲜果珍悬浮饮料　这是利用魔芋葡甘聚糖溶液具有很强的增稠、悬浮、稳定、配伍等特性，使果珍内容物如橘肉、橙肉、花生仁、芝麻仁、水果肉等均匀悬浮，再调配甜味料、酸味料、香料等制成。其主要设备有浸碱池、封罐机、搅拌机、蒸汽锅炉、夹层锅、过滤器、冷却器、配料罐、装料罐、封口机、灭菌池、瓶子清洗池、消毒池等。其工艺流程如下：

$$玻璃瓶 \rightarrow 清洗消毒$$

$$魔芋精粉 \rightarrow 熬浆 \rightarrow 过滤 \rightarrow 冷却 \rightarrow 配料 \rightarrow 罐装 \rightarrow$$

$$封口 \rightarrow 杀菌 \rightarrow 冷却 \rightarrow 检验 \rightarrow 成品$$

$$瓶盖 \rightarrow 消毒$$

（1）原料配方　水1000份，魔芋精粉0.3%～0.5%，砂糖12%～18%，果珍5%～10%，柠檬酸0.15%～0.3%，其他添加剂适量。

（2）**制备方法**　将魔芋精粉投入水中加热、搅拌，沸后待泡沫散去时加入白砂糖。糖溶化后，用2层纱布过滤，除去杂质和异物。冷却至60℃以下时输入配料桶，边搅边投入果珍、柠檬酸及其他添加剂。然后装罐，封盖，灭菌。

2. 魔芋果冻　配料有魔芋精粉20克、果冻粉20～30克、白糖1 000～1 300克、柠檬酸1～5克、香料适量、水4～5升。魔芋精粉、果冻粉用水浸泡30分钟，搅拌并加热，沸后加入糖液。糖液要事先制好：将白糖用少量水加热溶化，沸后用多层纱布过滤，再加热至沸，贮于密闭容器中，随时取用。果冻浆液中加入糖液拌匀后，再加入柠檬酸、香料等，经管道注入模具果冻杯中，用封盖机热合封盖。封盖温度一般掌握在100℃～120℃，使封盖膜与果冻杯紧密结合。封盖后经切割整形，再进行包装。

3. 魔芋冰淇淋　魔芋冰淇淋是以魔芋、蛋、奶、糖、淀粉、香精等为原料加工制成的冷冻食品。其配方是：魔芋精粉3克，牛奶750克，蛋清100克，白糖200克，玉米粉15克，香精（香草、草莓、薄荷、甜橙等）和食用色素各少许。制作方法如下：将魔芋精粉投入60～80倍的奶液或水中，搅动，至魔芋精粉由颗粒状变为溶胶时停止搅动。奶用鲜品或冰奶均可。鲜奶先用100～120目筛过滤；冰奶用前先打碎成小块，加热融化后过滤；用奶粉时，应先加水溶解。将糖放入适量水中，加热溶解成糖浆，用100目筛过滤。蛋用鲜蛋、冰蛋、蛋粉均可，需掺水后与魔芋溶胶、糖液同置于灭菌缸中，用巴氏灭菌（温度63℃～65℃经30分钟，温度85℃经4～6分钟，温度120℃经几秒钟）或紫外线灭菌后通过均质机在高压下使之混合均匀。经混合后的原料，在强制性搅拌下，在-13℃～-5℃的低温下凝冻，然后浇注包装。包装后再在-40℃～-25℃的低温中迅速冷冻硬化。将制成的冰淇淋置于-18℃以下低温库中贮藏。贮藏温度不可过高，以防止制品中结冻水融化而使制品粗糙。

4. 魔芋果酱　魔芋果酱是用魔芋、果肉、甜味料、酸味料、香

....

料等原料加工制成的西餐涂抹料。现以甘薯、魔芋为主要原料的果酱制作方法为例，说明其制法。

（1）配方　甘薯泥 10 千克，魔芋溶胶 20 千克，砂糖 36～42 千克，柠檬酸 pH 值 3～4，香味料适量，防腐剂少量。

（2）工艺流程　其工艺流程如下：

消毒←瓶、瓶盖

甘薯→清洗→熬煮→打泥→浓缩→罐装→排气→

封口→杀菌→冷却

（3）操作技术要点　魔芋精粉加水 60～100 倍。选红心、干物质含量高、无霉烂的甘薯洗净去皮。为防止褐变，去皮后立即投入 1%～2% 的食盐溶液中护色。甘薯蒸透，用打浆机打成泥浆，用 60～80 目尼龙布挤压过滤，取薯泥。不锈钢夹层锅内放少量水，再倒入薯泥、魔芋胶、砂糖的 1/2～1/3、柠檬酸用量的 1/2，混匀后迅速加热，蒸发过多的水分。当锅内气泡减少时，将剩余的糖和酸加入，继续浓缩至糖液浓度达 65%、能将糖液挑起吊挂到搅棒上，或糖液面呈鱼鳞状时出锅。出锅后加入防腐剂和香料搅匀，温度保持在 90℃以上装瓶、封口、杀菌。

5. 魔芋"珍珠"刺梨果汁

（1）产品配方　刺梨原汁 20%，魔芋凝胶颗粒 8%，蔗糖 10%，酸度 0.25%，魔芋精粉 0.16%，琼脂 0.15%，山梨酸钾 0.04%，水补足 100%。

（2）操作技术要点

①魔芋凝胶颗粒制取　称取魔芋精粉，按 1∶30 加水溶胀，用占精粉重量 5% 的氧化钙作凝固剂，加水配成 3% 的浓度，搅拌下加入。然后置于 120℃蒸锅中 0.5 小时，基本凝固成形后，入沸水中煮 20 分钟，即得到颜色洁白的魔芋凝胶块。将凝胶块切成 3 毫米×3 毫米×3 毫米的颗粒，再放入沸水中漂去碎屑和残留碱味，

捞出备用。

②增稠剂的使用　称取所需用量的魔芋精粉与琼脂，用15倍水溶胀，搅拌加热至完全溶解，趁热过滤备用。

③调配成品　将蔗糖加水溶解，煮沸过滤，在搅拌下分别加入山梨酸钾溶液、刺梨原汁、柠檬酸溶液、魔芋凝胶颗粒和增稠剂溶液，最后用水补足至规定量，搅拌均匀即可。

灌装、杀菌、冷却。

6. 魔芋茶饮料与冰淇淋

（1）**魔芋茶饮料条件**　钟颜麟等将魔芋精粉加水膨润，茶叶经热水抽提、过滤、浓缩，然后混合调配均质，制成了低热值、富含营养保健成分、口感良好、风味独特的魔芋红茶和魔芋花茶饮料。李志南等利用魔芋胶对茶叶进行假塑外形，既赋予茶叶良好的形态，又可使茶汤滋味的厚感增强。西南农业大学龚加顺等研究成功的魔芋茶饮料，解决了冷饮茶的"冷后浑"问题，使冷饮茶能用透明容器包装，提高了商品性。

①工艺流程　其工艺流程如下：

茶叶→热水浸提→滤液
魔芋葡甘聚糖→溶胶液　　调配→均质→粗滤→膜过滤→灭菌→
糖、酸→化糖→糖酸液　　　　热灌装→倒瓶→水冷却→成品

②工艺技术　过滤和灭菌是首要控制点，过滤的目的在于去除茶液和魔芋溶胶中少量的水不溶性物质；灭菌是为了提高产品的保质期，热灌装灭菌效果好，无须二次灭菌，极大限度地避免了茶叶成分的损失与破坏，因而风味较好。

（2）**魔芋茶冰淇淋**　该产品具茶叶的风味和颜色，营养丰富，口感清爽，风味独特。

①产品配方　脱脂奶粉15%，白糖16%，魔芋复合胶（与卡拉胶等复合）1%，羧甲基纤维素钠1.5%，棕榈油1%，红茶粉5%（或绿茶粉4%），蔗糖脂肪酸酯0.2%，乙基麦芽酚0.01%，其余为水。

②工艺流程　其工艺流程如下：

各种原辅料溶于水→混合均匀→灭菌→均质→冷却→老化→凝冻→灌装→硬化→检验→成品→入库

③技术要点　复合胶、羧甲基纤维素钠用热水搅拌溶解，乙基麦芽酚、茶粉分别用 85℃ 热水溶解，棕榈油加热熔化后使用；采用 80℃ 巴氏灭菌 30 分钟；均质压力 15～20 兆帕，料液温度 60℃～75℃；2℃～4℃ 下老化 12.5 小时，并不断搅拌；熟化后的料液于连续式冰淇淋凝冻机中 –20℃ 下强烈搅拌冷冻，高压 0.25～0.35 兆帕，低压 0.1～0.2 兆帕；在 –40℃ 下硬化。

（十二）魔芋面食

1. 魔芋面包　魔芋面包比普通面包体积大，松软柔韧，并有一定的保鲜作用。其制作方法如下：

（1）原料处理　将相当于面粉重量 0.1% 的魔芋精粉置于水中，搅动，膨化成溶胶后，用酵母水将 pH 值调为 6.8。面粉过筛，去杂质。食盐、砂糖分别用水化开，过滤。水要严格处理，碱性水、酸性水均不宜用。鲜蛋对提高面包的色、香、味、形、筋和营养价值有重要作用，要选质量好的新鲜禽蛋。魔芋精粉的主要作用是保湿、柔软、提高面包的膨松度，增加体积和弹性，食用时不发干、不掉渣，保水、保鲜时间比一般面包长 1 倍以上。

（2）操作要点　将面粉、魔芋溶胶、糖液、鲜蛋、鲜酵母液等混合调匀，进行第一次发酵。严格控制温度、时间，至发酵成熟后进行面团调制，切条分垛搓圆，平放烤盘内发酵。至面包表面光滑、膨胀而不破皮为止，及时送入烤箱烘烤，温度控制在 180℃～200℃，熟透心后取出刷油、冷却、包装。

2. 魔芋蛋糕　魔芋精粉与水按 1∶50 倍混合，搅拌膨化。鲜蛋去壳，蛋液放入打蛋机，然后放入魔芋溶液、饴糖、砂糖、碱性物质，混合后搅拌至发泡。将面粉拌入蛋液中，同时加入香料，搅拌均匀。烤盘、盒子等涂少许熟油，垫好底纸，将调好的蛋浆倒入模子，进炉烘烤至熟。

3. 魔芋年糕　魔芋年糕由魔芋精粉、大米、糯米、白糖、红糖、芝麻、熟板油、花生仁、核桃仁、果脯等原料配制而成。配制方法是：精粉 1 份，加水 40 份膨化。大米 1 份、水 1 份浸泡 1 小时后磨成浆。糯米粉 1 份、水 1 份浸泡 1 小时，沥干水，猛火蒸熟。然后加入魔芋溶胶、大米浆、白糖、红糖混合，软化调质，冷却后装入瓷盘，平整成块，上笼蒸熟。晾干水汽，在表面加入芝麻、熟板油丝、花生仁、核桃仁、果脯，蒸、煎、炸均可。

4. 面条状魔芋食品　将 0.4% 磷酸氢钠溶液加入到水中，再加入魔芋精粉和马铃薯粉的粉状混合物。搅拌几分钟，静置 1.5 小时左右，待其溶胀。然后加入适量 0.8% 氢氧化钙悬浊液和马铃薯粉的浆状物，混合后均质。装入不锈钢球形容器内，然后将其从容器底部的直径为 4 毫米的圆孔中挤到 90℃ 热水中，煮沸 3 分钟后捞出，放到铁丝网上沥水冷却。约 3 分钟后，魔芋表面吸附水汽化，成为白色的面条状魔芋食品。将食醋浇到生吃的面条状魔芋食品上，即可食用。

还有一种魔芋面食，是将魔芋粉添加在面条中。面粉加 50% 的水，拌匀，加 0.3%～0.5% 碱（先用水溶解），使碱与面粉混合。魔芋粉与水按 1∶30～40 的比例混合加热搅拌成糊浆，冷却 5～10 小时，将其倒入已混合好的面团，魔芋糊浆与面粉之比以 2∶100 为好。用机压成面片或面片带，反复机压几次即成魔芋面条。该面条耐煮，不浑汤，不断节，煮好的面条存放 1 天后回锅，口味如初。干面条还具有耐折压、易运输的优点。该面条市场需求量大，群众誉为"清水挂面"。北京、四川、湖南、广东、贵州等地已陆续上市，北京市西苑挂面厂出品的魔芋挂面、龙须面不仅在本地成了"抢手货"，而且还销往东北等地。

5. 胡萝卜魔芋面　鲜魔芋或魔芋粉加适量柠檬酸钠等，搅拌混合后再进行热处理，中和后制成一种在常温下呈固态状，从结冰前至 10℃ 以下时呈液状或浆状的原料魔芋。把胡萝卜、番茄汁、苹果

血管疾病等功效，用 95℃～98℃热水冲调即可食用。

（十三）魔芋小食品

1. 魔芋果丹皮　魔芋果丹皮以鲜果、魔芋精粉、淀粉、水等为原料。鲜果洗净去核，取果肉及果皮倒入沸水锅中煮 10 分钟左右，果块和水的比例为 1∶1。果块煮软化后，放入胶体磨或打浆机中制成果浆。将果浆、魔芋溶胶及水溶淀粉倒入夹层锅中熬煮，浓缩至可溶性固形物约为 20% 时倒于盘上，盘上熬制物厚度为 0.3～0.5 厘米。用 65℃～70℃温度烘烤，至呈皮状、含水量达 18%～20% 时，趁热揭起，卷成卷，再用玻璃纸或无毒透明塑料薄膜包装即为成品。

2. 魔芋凝胶软糖

（1）原料配方

配方 1　白砂糖 30 千克，葡萄糖 20 千克，魔芋精粉 1.5 千克，琼脂 0.3 千克，水果香精 0.1 千克，食用色素适量。

配方 2　木糖醇 45 千克，魔芋精粉 1.5 千克，琼脂 0.3 千克，葡萄糖酸锌 0.2 千克，维生素 C 0.15 千克，水果香精 0.1 千克，食用色素适量。

配方 3　白砂糖 40 千克，葡萄糖 25 千克，魔芋精粉 1.5 千克，琼脂 0.3 千克，柠檬酸 0.6 千克，水果香精 0.1 千克，食用色素适量。

配方 4　魔芋精粉 0.5 千克，玉米饴糖 5 千克，白砂糖 2.5 千克，琼脂 120 克（或食用明胶 0.5 千克），柠檬酸 5 克，食用香料、色素适量，水（pH 值 8）3.5 升。

（2）工艺流程　其工艺流程如下：

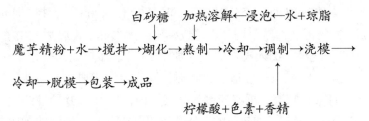

（3）制作方法

①制作方法1　分4步进行：一是将琼脂浸泡于冷水中约3小时，然后加热融化备用。二是将魔芋精粉放入50～100倍冷水中，不断搅动5～20分钟，然后静置3～5小时，使之充分吸水膨胀、糊化。三是把过筛的白砂糖与魔芋糊混合，加热至沸，不断搅动，防止焦锅。然后加入琼脂，熬制至温度102℃～105℃，离火冷却。冷却至温度80℃以下时，投入柠檬酸、色素、香精及一些强化微量元素，搅拌均匀。四是把调制好的糖浆注入模具，静置冷却，然后脱模、包装。

②制作方法2　琼脂加水溶化，加入白砂糖、魔芋精粉，搅化后加入玉米饴糖，溶化，过滤。将糖液熬1.5小时，使糖液温度达到140℃左右时出锅。待糖液温度降至70℃时，加入香料、色素等。若用明胶，应在糖液温度降至100℃以后加明胶和各种添加剂。拌匀，冷却，切成块，包1层糯米纸。放盘中，置40℃条件下干燥，至糖块表面不粘手时再冷却，用软糖包装纸包装。

3. 蔬菜魔芋食品　先将魔芋洗净，烘干后制成魔芋精粉。在魔芋精粉中添加青豆、甜玉米、胡萝卜等切碎的蔬菜，再添加一定比例的糯米粉和食盐（1千克魔芋精粉中加糯米粉150～500克、食盐10～100克），加水混合成胶体状，加石灰乳搅拌成形，加热凝固即成。

4. 魔芋山楂酱　魔芋山楂酱是在加工山楂酱时，添加部分魔芋精粉而成。加工时，先将魔芋精粉制成可逆性魔芋制品：取魔芋精粉10克，加水1升，搅拌，膨胀30分钟，静置作用12小时。然后加入柠檬酸钠25克，充分混合后加温至70℃～90℃，保持5小时，即成1%的可逆性魔芋制品。选成熟好、无虫蛀、无腐烂的山楂果25千克，洗净，倒入夹层锅中，加水25升，加热烧开软化5～10分钟，至果肉组织软烂适于打浆时，同汤液一起取出，用孔径0.8毫米的打浆机打浆。把浆液倒入夹层锅内，加1%的可逆性魔芋制品7.5千克，搅匀，加热浓缩，烧沸后加白砂糖30千克，边加边搅，浓缩30～40分钟。待可溶性固形物达到65%～70%时，停止加热，出锅装瓶后在100℃条件下灭菌30分钟，取出冷却即成。

5. 魔芋枣酱　取干红枣25千克，用清水浸泡12小时，倒入夹层锅中，加水10升，焖煮2小时，使之软化后，用孔径0.2毫米的打浆机打浆。除去枣核、枣皮，将果浆倒入夹层锅中浓缩，加入1%的可逆性魔芋制品15千克。再将1千克淀粉用1.5升水溶化、过滤，倒入夹层锅内，搅匀，浓缩。再加白糖15千克，当浓缩至可溶性固形物达65%时，加入花生油1千克及适量香料水，再浓缩10分钟，停止加热。出锅装瓶封盖，用100℃温度灭菌20分钟即为成品。

6. 魔芋杏酱　选新鲜成熟的杏果25千克，洗净，沿缝线将其切分为两半，去核，修去表面黑点斑疤。浸入1%～1.5%盐水中，护色20分钟。然后，取出放入夹层锅中，加少量清水软化10～20分钟，用孔径0.8毫米的打浆机打浆1～2遍。将果浆倒入夹层锅中，加入1%可逆性魔芋制品12千克搅匀、浓缩，加白糖25千克，再浓缩30～40分钟，待可溶性固形物达到55%～65%时停止加热，出锅装瓶后立即封口。放入灭菌锅中灭菌，5分钟升温至100℃，保持20分钟。取出，分段冷却即成。

7. 即食魔芋苗　利用魔芋地上茎叶（魔芋苗）加工制成的食品，不仅味道好，而且具有清肠利尿，防肠癌、便秘、痔疮等功效。但鲜魔芋苗含生物碱，具微毒，不能生食。广西沿海一带把魔芋苗加工成"芋蒙巴"后食用，其主要去毒方法是煮沸和加水漂洗。据有关文献报道，经碱水加热去毒后可以食用，且经长期食用而未发现有副作用。

（1）**工艺流程**　其工艺流程如下：

原料采收→挑选→洗涤→预煮→去皮→漂洗→烘干或晒干→浸水→切分→煮制→调味→装袋→真空封口→杀菌→冷却→预贮检验→成品入库

（2）**操作要点**　①采收魔芋地上茎叶，剔除有病虫害及枯萎的，用清水洗净。②在预煮水中加入 0.5% 柠檬酸，煮沸 30 分钟后捞出，沥水。手工将表皮清理干净。③将去皮后的魔芋苗放入 0.5% 石灰水上清液中浸漂 8 小时，然后用清水漂洗 4 小时，换水应不少于 3 次，充分洗去石灰残液。④将漂洗后的魔芋苗沥水并烘干或晒干。若采用烘箱烘干，温度控制在 60℃～65℃，烘干时间为 18～24 个小时；若采用日光晒干，则需 1 周。烘干或晒干后的魔芋苗含水量控制在 13% 左右。然后集扎成束，每束 0.5～1 千克，码入库后注意干燥和通风贮藏。⑤将干魔芋苗放清水中浸泡，注意换水，使其充分吸水膨胀后，切成长约 2 厘米的段，投入猪骨汤中，大火煮沸，然后文火煮制，直至易嚼烂时取出甩干。⑥以芋苗重量计，水 6%、豆豉 4%、红辣椒 1%、植物油 11%、食盐 5%、白糖 0.6%、鸡精 0.2%、味精 0.1%、蚝油 3%、小虾仁少许，按此配方称料。豆豉、小虾仁和红辣椒炒香，其他料加热调汁，然后倒入调味缸中与魔芋苗搅拌匀。⑦将调味后的芋苗装袋，每袋 70 克，用真空制口机封口，真空度大于 0.09 兆帕，封口时要注意袋口整洁，避免假封。⑧灭菌、预贮、检验。杀菌公式：10′～15′～5′ /115℃。在 35℃±1℃条件下保存 7 天，检查袋内是否胀气。

产品质量标准：色泽淡绿色，外观长短均匀一致，无杂质，稍带汁；具魔芋苗特有风味。净重 70 克±3%/袋，总酸≤ 0.1 克 / 100 克，砷≤ 0.5 毫克 / 千克，铅≤ 0.1 毫克 / 千克，食盐含量 5%～8%，水分含量 70%～80%。

8. 牛奶魔芋食品　魔芋粉的弹性很好，但营养较单一。为了提高营养价值，日本已研制成功一种牛奶魔芋食品。该食品可长期保存，并且既具魔芋的弹性，又有牛奶的味道，品尝起来带有牛奶的风味和食感。其制造工艺为：将 25 克魔芋粉加入牛奶溶液（牛奶 250 毫升，水 750 毫升），轻轻搅拌。在 20℃条件下溶解，待其完全溶解并胶体化后，于 14℃～16℃条件下静置 6 小时以上。然后在搅拌下加少量熟石灰，混合后压入定形盒内，于 70℃条件下煮 50 分钟左右，用 10℃水冷却 15 分钟，装袋。于 70℃条件下再煮 1 次，即可食用。

9. 魔芋筋制作　魔芋筋是贵州安顺独创的地方特产。方法是用适量生石灰放清水中发散，待石灰沉淀后去掉水面杂物，将澄清的水倒入大盆约 2/3 位置，10 千克石灰可用水 500 升。用一块约 60 厘米见方的石板斜搁盆边，使石板与盆边、盆底呈三角形。石板浸入水中 1/2。把鲜魔芋在石板上按顺时针方向转磨成浆，溶于水中。把盆内表面自然分离的表层"胶体"取出，即得熟筋，把胶体压为约 30 厘米×30 厘米×0.5 厘米的薄片，即成魔芋筋。每 1 千克鲜魔芋，可加工魔芋筋 1 千克和魔芋豆腐 4 千克。魔芋筋可荤可素，可炒可拌，切丝可与鸡、猪、牛、羊肉丝配炒，亦可与青椒、番茄、葱白炒。魔芋筋洁白漂亮，绵韧脆细，富有弹性，味美可口，类似蜇皮。

10. 魔芋软夹心糖制作

（1）配料　制魔芋软夹心糖的原料有魔芋精粉、白砂糖、葡萄糖、柠檬酸、香精、花粉液和蜂皇浆。水果型魔芋料的配方是：魔芋精粉 1%～1.5%，白砂糖 35%～40%，葡萄糖 17%～20%，柠檬酸 1%～1.2%，食用香精 0.15%～0.2%。花精（或蜂皇浆）魔芋基料的配方是：魔芋精粉 1%～1.5%，白砂糖 35%～40%，葡萄糖 17%～20%，花精 3% 或蜂皇浆 0.5%。

（2）工艺流程　其工艺流程如下：

魔芋精粉液→配料→搅拌→糖化→装置→混合→溶化→熬制→起锅→冷却［花精（蜂皇浆）］→冷却［微量元素］→浇注［巧克力浆（或糖胚）］→包装→成品

（3）操作要点　魔芋精粉用 50 倍水浸泡 30 分钟，静置 10 小时以上，备用。将白砂糖倒入魔芋糊精内，加热至沸，使砂糖溶化成胶稠状液。加入葡萄糖继续搅拌加热熬制沸腾片刻（102℃～104℃）起锅冷却，固形物控制在 55%～60%。冷却后加入果汁、香精等调味剂，搅拌成水果味浆心。继续冷却至 55℃以下，加入花粉或蜂皇浆调匀即成花粉皇浆浆心。将调好的水果味的花粉皇浆魔芋基料浆心冷却至 35℃ 左右，浇注软夹心巧克力或夹心硬糖，即成成品。

11. 魔芋软糖制作

（1）**配方** 魔芋精粉 1.6～1.8 份，卡拉胶 0.4～0.5 份，黄原胶 0.1 份，蔗粉 30 份，葡萄糖糖浆 15～20 份，碳酸钠 0.1 份，氯化钾 0.1～0.15 份，苹果酸 0.8 份，柠檬酸 0.8 份，食用香精适量，食用色素适量。

（2）**工艺流程** 其工艺流程如下：

魔芋精粉→水洗→搅拌溶胀→加热煮沸→过胶体磨┐

蔗糖＋卡拉胶＋黄原胶→冷水溶胀→煮沸→搅拌混合→添加氯化钾→煮沸→冷却→配色配味→真空脱气→浇注→冷却→脱模→包装→成品

（3）**制作要点** 选用含葡甘聚糖在 75% 以上的干法精粉，在不断搅拌作用下，加入 50～60 倍的冷水中，记下水面刻度。当精粉颗粒充分分散于水中时，停止搅拌，待溶胀颗粒沉于底部时，将上层清液弃去，反复 3～4 次，尽可能除去精粉中残留的生物碱及淀粉等杂质，确保最终产品无不良气味及口感。水洗完成后加入冷水至刻度线，缓慢加热不断搅拌，让糊液充分溶胀 2～3 小时，接着将其加热至沸，趁热过胶体磨，将糊液中残留尚未溶胀颗粒进一步磨细后备用。

将少量蔗糖与卡拉胶及黄原胶干粉混合后投入 20～25 倍的冷水中，不断搅拌，让其溶胀 1～2 小时后加热至 90℃ 左右。待卡拉胶与黄原胶溶解后与魔芋液混合，并强力搅拌 3～5 分钟。

将葡萄糖糖浆、蔗糖、碳酸钠用少量温水溶解后加入上述混合液中，在搅拌作用下以蒸汽加热至约 70℃ 时加入氯化钾，煮沸 3～5 分钟（90℃～92℃）停止加热，自然冷却。

当混合液冷却至 75℃ 左右时，将配制好的酸味剂、香精及色素加入胶液中，强力搅拌 1～2 分钟后趁热浇注成形模中，静置至室温后凝胶形成，取出包装即可。

（十四）含油魔芋食品生产

含油魔芋食品，是将乳化剂或具有乳化能力的物质添加到食用油脂中，在一定条件下溶解，然后倒入水中搅拌，形成乳化液。再将乳化液与魔芋精粉混合，加凝固剂后成形、加热、凝固而成。这种食品不但保持了魔芋食品独特的弹性和口感，而且还具有黏着性和柔软感，改善了魔芋食品的味觉和外观，提高了营养价值。

1. 配方 蒸馏单甘酯 4 千克，色拉油 14.5 千克，特级魔芋精粉 29 千克，净水 1 000 升，凝固剂 2 千克。

2. 工艺流程 其工艺流程如下：

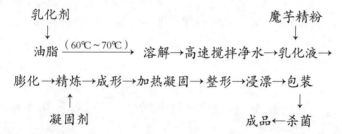

3. 操作要点

（1）乳化剂、油脂溶解 先将乳化剂（蒸馏单甘酯、甘油酯、大豆磷酯、山梨糖酯、丙二醇酯等）或具有乳化能力的物质（牛奶或牛奶制品悬浮液、全蛋悬浮液、豆奶、鱼肉糊等）添加到食用油脂中，加热至 60℃～70℃，使其溶解，使乳化剂与油脂形成混合液。

（2）高速搅拌 将溶解混合物缓慢倒入高速搅拌的净水中，水温控制在 62℃～65℃，搅拌作用 10 分钟，形成均匀、稳定的乳化液。搅拌速度以 1 000～1 500 转／分为宜。

（3）膨化 按照比例添加魔芋精粉和乳化液，混匀形成乳化魔芋糊。

（4）精炼、成形 将膨化好的魔芋糊输送到精炼机中，让魔芋糊在精炼机中搅拌输送的同时，与 2% 的凝固剂精炼成魔芋糕，并打入成形框中成形。成形时间控制在 3～24 小时，达到充分胶凝。

（5）**加热、凝固**　将充分胶凝的魔芋糕切块，在 0.05% 的碱性溶液中加热至 85℃～90℃，蒸煮 1 小时，使之进一步固化，形成独特的弹性和硬度。

（6）**整形、浸漂**　按市场需要，做成不同形状的半成品，同时浸漂于 pH 值为 11.3～11.9 的碱性溶液中，将产品中过剩的碱性物质浸漂出来。一般要浸漂换水 4 次。

（7）**包装、杀菌、成品**　用真空包装，计量装袋。袋内真空度 0.093324 兆帕，自动热合封口。在 80℃～85℃ 条件下热水灭菌 40 分钟，而后用流水进行迅速冷却，即得成品，按要求装箱入库。

含油魔芋食品的外观均匀、光滑，乳白色；乳化均匀，弹性、韧性较好，有柔软感，风味独特，不黏；无杂质，无霉变；pH 值为 11.3～11.9；铅含量（以 Pb 计）≤ 1 毫克/千克；砷含量（以 As 计）≤ 0.5 毫克/千克；细菌总数 ≤ 500 个/克，大肠菌群 ≤ 30 个/100 克，无致病菌。

（十五）风味油炸膨化食品

1. 配方　原料配方：马铃薯全粉 52.4 克，魔芋精粉 0.52 克，玉米淀粉 47.1 克。调味配方：①虾味：谷氨酸钠 0.3 克，5′-肌苷酸钠 0.2 克。②蟹味：蟹味精 0.5 克，谷氨酸钠 0.1 克。③咖喱味：咖喱粉 1 克。④孜然味：孜然粉 1 克。⑤橘味：橘味粉糖 4 克，蛋白糖 0.04 克。

2. 工艺流程　其工艺流程如下：

原料→混合→加水→面团→蒸熟→老化→切片→干燥→油炸→真空包装→成品

3. 操作要点　①用 90 毫升水浸泡魔芋粉，加热（60℃～80℃）溶解后，加入调味料混匀，溶解后冷却备用。将原料混匀，加入魔芋粉水溶液中搅拌成面团，并做成直径 15 毫米的长棍，放入蒸锅中蒸 20～25 分钟。②将蒸熟至半透明状的长棍冷却至 30℃以下，放入冷藏室，在 6℃±2℃下冷藏 18～20 小时，使淀粉老化，形成 β-淀粉。将冷却老化后的长棍切成 1～2 毫米厚的薄片。③将全粉片装盘，入干燥室干燥，温度保持 40℃±2℃，时间保持 3～4 小时，使其含水量降至 16%～17%。④将全粉片放入油中炸制，油配比为氢化油∶豆油为 1∶2，油炸温度为 165℃～170℃、时间为 70～90 秒钟。沥油后即得膨化食品，包装即为成品。

（十六）魔芋仿生食品

　　魔芋仿生食品是以魔芋精粉为原料，加入调味料、香料、色素等，运用现代机械设备等加工手段生产成形态及口味类似自然生物的食品，如魔芋仿生牛肉干、素虾仁、素肚片、素腰花、素蹄筋、素鱿鱼、海蜇皮、贡丸、粉丝等。以下举 4 例说明其制法。

　　1. 人造魔芋鸡肉　人造魔芋鸡肉的制作方法有多种，其中常见的一种做法：取鸡蛋白 1 千克，加碳酸钙 5 克、磷酸钙 2 克、氢氧化钠 1.5 克，溶解后再加魔芋精粉 30 克、食盐 20 克、谷氨酸钠 7 克、$5'$-肌苷酸钠 0.5 克、干酪素钠盐 15 克、砂糖 10 克及大米、淀粉各 20 克，使之混合。然后，添加少量鸡汁等鸡味调味品和生菜油，混合制成 pH 值为 11.2 的浆料。再用碳酸氢钠将 pH 值调至 11，通过喷丝头将料挤入 90℃的碱性凝固液中，抽成的丝再浸入 10% 乳酸液中，经水洗即成。

　　2. 魔芋银耳　魔芋银耳是由砂糖、魔芋精粉、水、柠檬酸、碳酸钠等配制而成的。配制方法：精粉 1 份，加水 80 份，充分膨化后倒入不锈钢锅中熬制，加入 4 份砂糖、0.01 份柠檬酸、0.01 份碳酸钠不断搅拌，浆液由稀变稠，水分大部分蒸发，由糖液中分离溶胶，即形成银耳状的魔芋制品。

　　3. 仿生牛肉干

　　（1）**工艺流程**　其工艺流程如下：

　　魔芋精粉→浸润→加热搅拌→凝胶→冷却→魔芋糕→切条→

膨化处理→拌盐→调香→烘烤→包装→成品

（2）制作要点

①制备魔芋凝胶　魔芋精粉 1 份，加水 50 份，不断搅动。待精粉充分膨润后，用微火加热至即将沸腾。不断搅动，加入 0.5% 氢氧化钙粉末，停止加热一段时间，使葡甘聚糖在碱性介质及钙离子的作用下产生强有力的胶联，生成魔芋葡甘聚糖凝胶，即魔芋凝胶。

②制备魔芋丝　将魔芋凝胶切成 5 厘米×0.3 厘米×0.5 厘米大小的条，在 125℃、1.37 兆帕压力下膨化处理 30 分钟，当其瞬间减压时，魔芋丝内部组织中过热的水蒸气突然喷出，使魔芋丝形成特有的蜂窝状组织，且具有特别的弹性与韧性，有似牛肉纤维状的咬劲。

③魔芋丝的赋色与调香　魔芋葡甘聚糖的特殊分子结构对许多赋色、调香、调味物质的亲和性、吸附性很低。魔芋丝经膨化处理后形成蜂窝状组织，扩大了吸附面积，解决了赋色入味的问题。赋色的食用色素为焦糖色或巧克力棕色。膨化处理后的魔芋丝含水量约为 65%，加入适量的粉末状食盐和牛肉香精，搅拌揉制后静置，食盐自然渗透，完成拌盐工序。

④烘烤　为保持产品的香味及营养成分，在烘烤之前先进行挂糊。方法是将大豆蛋白粉、鸡蛋按一定比例调成糊，加入麻油、花椒粉、油煎红椒粉、芝麻、味精等调味料以及天然抗氧化剂、防腐剂等，搅拌均匀后加入魔芋丝。在魔芋丝表面形成一层被膜，然后送入烘箱。在 55℃～65℃ 条件下，烘烤至含水量低于 28%，即得到具有麻辣风味的魔芋仿生牛肉干。

4. 魔芋"鱿鱼"　魔芋"鱿鱼"是以魔芋精粉为原料，模拟鱿鱼的状态特征加工而成的。它的外观形状可大可小，厚度约 0.5 厘米，在其一面用滚刀切出深度为 0.35 厘米的菱形花纹。烹饪时下锅后就像炒鱿鱼一样卷起来，特别是用火锅煮制食用，一烫就卷，别具风味，颇受青睐。

（1）工艺流程　其工艺流程如下：

等级魔芋精粉→加水膨化→搅拌混合→凝胶化处理→加热定形→

切片→滚切花纹→刷涂液→切块→包装

（2）**加工设备**　加热定形前，所需设备与加工魔芋豆腐的设备一样，从切片到切块结束用魔芋"鱿鱼"机加工。其加工原理：将定形后的魔芋豆腐放在工作台上，用推料杆将其推动，通过切片模子切成厚度为 0.5 厘米的魔芋豆腐片。经送料槽送往两轴心线夹角为 30° 的滚切花刀，滚切出深度为 0.35 厘米的菱形花纹。然后，滑向刷涂槽，均匀地在菱形花纹面上刷涂卷曲液，最后由切块刀按需要尺寸切块后，落入成品盘包装。

（3）**操作要点**　取不低于二级的优质魔芋精粉，在其中添加魔芋精粉重量 1%～2% 的蔗糖脂肪酸酯，使调味料容易吸附到内部。加入魔芋精粉重量 26～30 倍的水。刷涂液由鸡蛋清、淀粉、色拉油等充分搅拌均匀配制，涂于滚切菱形花纹一面及缝隙中。成品用高密度聚乙烯薄膜袋、真空包装机密封包装。

5. 具有减肥功能的黑色食品　新疆农业职业技术学院刘岱等人，利用魔芋精粉在氢氧化钙、碳酸氢钠等碱性化合物的作用下，经加热而形成不可逆凝胶的原理，配以具有保健功能的黑木耳和其他辅料，开发成功具有减肥功能的黑色食品。

（1）**材料与设备**　黑木耳、魔芋、食用氢氧化钙、柠檬酸、焦亚硫酸钠、胶体磨、带搅拌不锈钢容器、喷丝机、电子秤等。

（2）**工艺流程**　其工艺流程如下：

黑木耳→浸泡→打浆→碾磨、细化→精炼→脱气、吐丝、成形→
　　　　　　　　　　　　　　　↑
　　　　魔芋精粉→膨化

固化定形→装袋、保鲜→杀菌→成品

（3）**操作要点**

①原料要求　采用二次碾磨的魔芋精粉，要求色白、无霉变、无杂质，黏度大于 8.0 帕·秒，过 100 目筛通过的颗粒数大于 90%，水分含量低于 8%，残留二氧化硫小于 0.38 千克，碘反应不呈蓝色。选无虫害、无霉变、表面颜色深的优质黑木耳。

②原料预处理　称取适量黑木耳，用水洗去表面附着物。将清洗干净的黑木耳加足量水浸泡，使其完全复水，一般浸泡50～60分钟。除去木耳根部的木屑，然后将泡好的黑木耳捞出，沥干水分，按木耳∶水为1∶1～1.5加水，用打浆机破碎，再用胶体磨细磨。

③膨化　在常温下将魔芋精粉和水按1∶28～32（W/V）在不锈钢膨化机中混合，低速搅拌，防止气泡过多混入，而后加入碾磨细的黑木耳混合均匀，至膨化液不随搅拌翅转动即停止搅拌。再静置膨化1.5～2小时，形成稳定悬浮液。

④精炼、脱气　膨化液以60升/分的速度进料到带真空装置的精炼机中，同时加入预先配制的2%食用氢氧化钙溶液（或澄清的石灰溶液、碳酸氢钠溶液），以约0.5升/分的进料速度与膨化液混合，启动搅拌机以400转/分的转速搅拌，使其充分混合。同时，打开真空泵，将精炼机中的空气和膨化液中的小气泡抽尽，以保证喷丝后产品内部无大量小气泡，否则会造成产品外观不美和质量下降。然后，经不锈钢喷丝机膨化液以丝状凝胶吐入80℃～90℃的流动热水中形成热不可逆凝胶，让黑木耳丝保持在流动状态下定形，避免固化前产生丝体黏结现象。

⑤固化定形　随热水流出的黑木耳丝进入盛有食用氢氧化钙稀碱液（澄清的石灰水）的贮槽内，静置固化20小时。在此期间，采用0.5%食用氢氧化钙溶液（或澄清石灰水）更换浸泡液，在常温下换水2次，夏天高温换水3次。保持固化液中的钙离子浓度，避免粉丝发生脱水收缩。

⑥保鲜杀菌处理　温水配制一定量的柠檬酸溶液，在溶液中加入少量的焦亚硫酸钠，并调整pH值为5，将粉丝从固化槽中捞出，用酸液喷淋处理，然后装袋，封口后转入灭菌器内，用85℃的热水灭菌30分钟。

（十七）魔芋减肥保健品

在魔芋精粉中加入100～200倍40℃～60℃的温水，搅拌后静置2小时。用过滤法或离心法除去不溶物，取其胶质置半透性膜上，用自来水渗析24～48小时，除去水溶性杂质及无机盐。将留下的胶质液在 -200℃条件下冷却干燥，即可得到纯白色、能溶于水的、棉絮状的葡甘聚糖。在食品中加入5%的葡甘聚糖，可制成能降低胆固醇和降血压的保健食品。

（十八）魔芋果汁复合颗粒饮料

配方为魔芋凝胶颗粒8%，果汁70%，蔗糖25%，琼脂0.5%。将魔芋精粉以1:45～50的比例加入到已煮沸的水中，同时加入少量碳酸钠和环糊精，充分搅拌至魔芋精粉完全溶胀膨化后放入蒸屉内用蒸汽蒸30分钟，使之凝固成凝胶块。将凝胶块放入沸水中20分钟，待冷却后用不锈钢刀切成2～3毫米的小方块颗粒或用成形机械加工成圆形颗粒，将其放入流动清水中漂洗，去除碎屑及残存碱味，捞出沥干水分，按配方混合调配，装入玻璃瓶中，封口，沸水杀菌即为成品。

（十九）在调味酱与果蔬酱中的应用

魔芋葡甘聚糖溶胶在调味酱、果酱、胡萝卜沙司、番茄沙司中获得广泛应用。在外力作用下，葡甘聚糖切变稀化，使加有魔芋葡甘聚糖的酱及沙司制品易于流动和有利于涂抹。当外力停止，被抹涂的酱及沙司流动性减少，黏附性增强。

魔芋果酱是以魔芋、果肉、甜味剂、酸味剂、香料等为原料，经加工而成的西餐涂抹食品，目前已开发的有魔芋苹果酱、魔芋西瓜酱、魔芋果子酱等。在果酱中添加魔芋精粉，既能提高汁液及浆体的黏度，又可作为增量剂和品质改良剂，调节制品的风味和口感，并改变外观质量。

（二十）在肉制品中的应用

传统的肉制品属于高脂肪、高胆固醇类食品。在香肠、火腿肠、午餐肉、鱼丸等肉制品中添加魔芋精粉，可起到黏结、爽口和增加体积的作用。当魔芋胶与水混合加于肉糜中时，可以增加肉糜的吸水量，改善肉糜的质构，使其富有弹性。用魔芋胶代替肉制品中的部分脂肪，可改善水相的结构特性，产生奶油状滑润的黏稠度，特别是当魔芋胶与卡拉胶复配后添加于低脂肉糜中，可显著改善制品的质量，提高持水性，从而赋予低脂肉糜制品多汁、滑润的口感，达到模拟高脂肉制品的要求。将魔芋凝胶加入火腿和香肠中，可明显提高制品的获得率和品质。用魔芋粉替代部分脂肪生产香肠，肠体弹性强，切片性好，香肠持水性增强，而脂肪和能量则下降。西式火腿要求肉块间结合紧密、无孔洞、无裂缝、组织切片性能好和有良好的保水性，常规方法是通过添加大豆蛋白、变性淀粉等，而添加占肉重 2% 的魔芋精粉，既可达到上述目的，又比大豆蛋白、变性淀粉成本低。

1. 魔芋复合营养灌肠

（1）**产品配方**　以猪肉重为 100% 计，魔芋凝胶 10%，骨糜 15%，番茄 20%，玉米淀粉 10%，大豆蛋白 4%，生姜、葱各 1.5%，胡椒粉 0.3%，味精 0.1%。

（2）**工艺流程**　其工艺流程如下：

猪肉分割→腌制→绞馅
魔芋凝胶、番茄、大豆蛋白、　→斩拌制馅→灌肠→烘烤→煮制→
玉米淀粉、骨糜、辅料　　　　再烘烤→包装→检验→成品

（3）**操作要点**　肉切块，加入盐 2.8%、亚硝酸钠 0.1 克 / 千克、维生素 C 0.1 克 / 千克、焦磷酸钠 1 克 / 千克，白砂糖和水适量，在 4℃ ～ 8℃ 条件下腌制 24 ～ 48 小时。

原料骨→清洗→冷冻→粗碎→细碎→粗磨→细磨→骨糜成品

魔芋精粉 4 克、水 100 毫升，混合搅拌 10 ～ 15 分钟，调 pH 值至 10.5 ～ 11，存放 8 ～ 10 小时制成魔芋凝胶。按上述工艺和配方将肠灌好，在 80℃ 条件下烘烤 30 分钟，再放入 90℃ 水中煮 1 小时，最后放在 85℃ 烤箱中烘烤 5 ～ 6 小时，自然冷却后包装、检验

即为成品。

2. 魔芋代脂肉糜

（1）**产品配方**　瘦肉 70 克，肥膘 17.5 克，脂肪代用品（复配魔芋胶）0.8 克，食盐 3.5 克，亚硝酸钠 0.05 克，复合磷酸盐 0.3 克，调味料 0.2 克，玉米淀粉 12.5 克，大豆分离蛋白 3 克，水或冰水 50克，硫酸钙 0.5 克，蔗糖 2 克，酪蛋白酸钠 0.25 克。

（2）**工艺要点**　将原料肉用食盐、亚硝酸钠拌和均匀，在 0℃～4℃条件下腌制 2～3 天后斩拌，在斩拌过程中添加食品胶、复合磷酸盐、大豆分离蛋白、调味料、玉米淀粉等，用匀浆机匀浆后灌装，然后在 85℃恒温水浴中烧煮 1.5 小时，冷却后入库保存。

3. 魔芋火腿肠

（1）**产品配方**　冻碎猪肉 95 克，复合魔芋胶 1 克（视需要变动），食盐 3 克，亚硝酸盐 0.2 克，复合磷酸盐 0.6 克，调味料 1.2 克，糖 2～3 克，维生素 C 0.1 克，马铃薯淀粉 6～12 克，大豆蛋白 8 克，水或冰水 70 克左右。

（2）**工艺要点**　先将碎肉用食盐和亚硝酸盐于 10℃以下条件下腌制 2 天左右，取出斩拌，在斩拌中添加水溶复合胶，使肉中蛋白质与复合胶结合，再加入其他配料，继续斩拌均匀，然后真空灌装、封口，在 80℃左右水中煮制 1.5 小时，取出冷却 10～12 小时即可。

（二十一）魔芋食品保鲜剂

魔芋葡甘聚糖是一种经济、高效的天然食品保鲜剂，能有效地防止食品腐败变质、发霉、生虫。应用时，可将葡甘聚糖配成 0.05%～1% 溶液，用喷雾器喷或浸渍或涂抹等方式，喷涂到新鲜食品表面，形成一层薄膜，可起到保鲜作用。将配好的葡甘聚糖溶液掺入某些加工食品中，也可显著延长食品的贮存期限。魔芋食品保鲜剂还可用于水果、蔬菜、豆制品、蛋类及鱼类等许多食品的保鲜贮藏。例如，用 0.05% 魔芋葡甘聚糖溶液浸渍草莓 10 秒钟，取出后自然风干，存放 3 周仍有光泽，不发霉；而未处理的草莓，仅放 2 天，表皮就会失去光泽，存放 3 天即开始发霉。福建农林大学姚闽娜等人（2008）研究了魔芋葡甘聚糖涂膜对草莓贮藏保鲜品质的影响，并测定比较了葡甘聚糖涂膜、壳聚糖涂膜、淀粉涂膜对草莓的感观品质、失重率、维生素 C 含量及可溶性固形物等指标的影响，结果表明魔芋葡甘聚糖涂膜处理的感观效果最好，4 天后的失重率仅为 4%，14 天后维生素 C 含量为 0.43 毫克 / 克，14 天后可溶性固形物含量为 62%。综合比较 3 种保鲜处理，魔芋葡甘聚糖涂膜保鲜草莓的效果最好。

绿竹笋是竹笋系列中较好的一种，由于其大多产于远离污染的山区，又有坚实的笋壳包裹，无污染和残留，具有保健作用。但由于采收期集中在 6～9 月份，不耐藏，易老化，甚至腐败变质。常用苯甲酸钠及亚硫酸盐等化学药品进行保鲜，既不能完全阻止其老化变质，还易使药品残留量严重超标。福建农业大学食品科学系曹竞华等人，以绿竹笋为试材，经水洗→切除老化部位→护色 15 分钟→热烫 1 分钟→水冷却→护色 3 分钟→冷却至 0℃→涂膜（涂剂为 1% 魔芋多糖 +10% 竹叶汁）→冷藏工艺流程后，用魔芋葡甘聚糖涂膜、用聚乙烯包装和未涂膜 3 种试验，将笋置于 3℃条件下冷藏 20 天，结果表明经涂膜绿竹笋的失重率、老化程度大大低于未经涂膜的。涂膜的绿竹笋木质纤维化程度低，不仅有效地阻止了绿竹笋的老化变质，延长了贮藏期，而且外观品质良好，是行之有效的保鲜方法。

在豆腐加压成形之前，添加 1% 的魔芋葡甘聚糖，于梅雨季节在室温下放置 4 天无任何变化，而未添加魔芋葡甘聚糖的豆腐仅放 2 天即霉变发臭。

（二十二）魔芋硼砂钻井液的配制

魔芋硼砂钻井液是我国地质勘探人员于 1983 年为解决钻井孔段破碎崩塌而研制成的钻井液。其配方是：先将魔芋精粉按 5% 的用量倒入 40℃～60℃ 温水中，加 0.5% 火碱（NaOH），机械搅拌 2 小时；再将 0.5% 稀释液放入水源箱中，加入 0.1% 硼砂，搅拌 15～20 分钟，即成胶联液。

胶联液中起胶体作用的主要是葡甘聚糖，其分子为线形排列。硼砂遇水成硼酸，硼酸的离子与葡甘聚糖分子形成氢键联结，络合成网状结构，黏性增强，护壁力加强。

此钻井液特别适用于金刚石钻进、各种井底动力钻具钻进、水文水井钻进和浅油井钻进。

（二十三）魔芋葡甘聚糖的提取

魔芋葡甘聚糖在碱性溶液中加热，可形成有弹性的凝胶体。因而传统的魔芋豆腐、魔芋粉丝等魔芋凝胶食品是在碱性条件下加热成形后，再经漂洗加工而成。1983 年原和雄开发出在 0℃～10℃ 呈液态或糊状，而在常温或 60℃ 以上变为固态的可逆性葡甘聚糖凝胶，并以此为基础开发出蛋白质魔芋制品、糊状巧克力、多种口味的布丁等多种新型凝胶食品。

魔芋葡甘聚糖系多缩甘露聚糖，含部分葡萄糖，其分子式为 $[C_6H_{10}O_5]_n$，能吸收比自身重 50 倍的流体，因而能降低血压和胆固醇，还有减肥作用。日本已用其制成人体助控保健食品"海曼纳"。

魔芋葡甘聚糖的提取，实际上是将魔芋粉中的不溶性物质——淀粉、纤维素、可溶性糖和生物碱等除去，而得到纯净的葡甘聚糖。

魔芋葡甘聚糖的提取方法：在魔芋精粉中加入 10～200 倍 40℃～60℃ 的温水，用搅拌机充分搅动，静置 12 小时，用过滤法或离心法除去不溶物。然后，取其上清液，加入等量乙醇，使葡甘聚糖沉淀。将沉淀物离心，取出沉淀物，先用 80% 酒精冲洗，再用 75% 酒精冲洗，除去水溶性杂物和无机盐。干燥后即得葡甘聚糖粗结晶。粗品加水，离心，将上清液冷冻干燥，即得到纯白色的、能溶于水的葡甘聚糖。将葡甘聚糖按 5% 的用量加入食品中，可制成多种保健食品。

葡甘聚糖可用加碘的方法来检验，加碘后不呈蓝色，说明无淀粉。

（二十四）魔芋浆糊

将普通魔芋粉 1 千克放入 40 升 50℃～60℃热水锅中，恒温搅动 4 小时。当魔芋粉充分溶解后加入相当于水量 0.1% 的硼砂、硼酸及水杨酸或甲醛，继续搅动，待浆液呈糊状时，趁热装入经消毒的玻璃瓶中密封。用魔芋浆糊作涂料，加工成的雨伞、雨布若再用石灰水浸泡一段时间，可增强防水性。

二、魔芋开发利用技术

（一）魔芋新用途

1. 魔芋杀虫剂、杀鼠剂　榨取魔芋茎叶汁液，适量掺水，喷洒作物，可防治蚜虫。将魔芋叶晒干碾成粉末，拌入食饵中，可毒杀老鼠。

2. 魔芋化妆品　将魔芋精粉浸入水中，在常温下制成过饱和液，用滤布过滤，即成为浓度约 1% 的溶液。将溶液蒸发干，使之成为不溶于水的半晶体物，可直接制作各种化妆品。

3. 魔芋生物降解薄膜　魔芋生物降解薄膜系武汉大学郑正炯用魔芋作原料研制成功的。该薄膜通体透明，外观与目前市售普通塑料薄膜无明显差别，厚度为 0.008～0.02 毫米，其抗拉强度、韧性、透明度等性能可与现今市售同样厚度的普通塑料薄膜相媲美；而其保湿、保温性则优于同等的塑料薄膜，成本价格比现今市售薄膜低，是可以广泛用于方便面调料、豆奶、麦片、糖果以及医药包装的可溶可食性薄膜。这种包装，既可免去手撕的麻烦，又减少了白色污染，前景十分广阔。

（二）魔芋副产品利用

1. 粉渣的利用　加工普通魔芋粉剩余的粉渣，可作为鸡饲料和瘦肉型猪的饲料添加剂，也可作为手工业和建筑业上所用砂浆的混合原料。

2. 飞粉的利用　飞粉又称魔芋废粉，是加工魔芋精粉过程中，由魔芋表皮等部分组成的粉末飘落到石臼周围的颗粒小、重量轻的细粉。在精粉加工过程中，飞粉占精粉质量分数的30%～40%，全国年产飞粉1 500～2 000吨。目前，大多以低价作饲料或干燥剂出售，利用价值低。在精粉加工中，飞散到石臼近处的粉末，重量较大，并混有少量精粉，颗粒比精粉小而较飞粉大，特称中粉。将中粉加入精粉后制作食品，商品价值不高，但为迎合消费者的嗜好，一直被人们作为增色剂使用。目前，用机械化方式加工精粉，用吸尘设备收集石磨周围的飞粉，再经风力筛选分离出中粉，剩下的粉末做飞粉处理。用魔芋粗粉加工精粉时，精粉出粉率为52.4%～62.4%，飞粉出粉率为36.2%～44.7%。产生的飞粉相当于精粉量的60%～80%。加工1吨魔芋精粉，可同时产生0.7吨左右的飞粉。飞粉的粉径小，重量轻，大多小于100目。飞粉的量占魔芋干重量的40%～50%。

日本有人研究，魔芋飞粉中碳水化合物质量分数为：全糖48.75%、淀粉17.02%、水溶性糖8.95%、水溶性还原糖2.46%，水溶性糖是指葡甘聚糖和葡萄糖。因飞粉中混杂精粉的数量不等，其全糖含量为40%～60%，平均为50%. 且大部分为淀粉和葡甘聚糖和少量还原糖。吴万兴等人分析，魔芋飞粉中淀粉含量为50.51%，可溶性糖9.49%、粗蛋白质19.44%、粗纤维5.96%、粗脂肪0.6%、二氧化硫0.21%、葡甘聚糖3.02%。西南师范大学许永琳、秦丽贤报道，对云、贵、川魔芋飞粉的主要成分分析表明，其中含粗蛋白质15.21%、氨基酸16种、水溶性糖8.59%、淀粉22.81%、粗纤维0.67%以及人畜必需的微量元素铁、锌、铜、锰和葡甘露聚糖等。

魔芋飞粉的研究主要有：利用魔芋飞粉制备淀粉、高 F 值寡肽、血管紧张素转换酶（ACE）抑制肽，用超声波法提取魔芋飞粉中神经酰胺、提取生物碱及总黄酮等。提取产物则主要应用于饲料、医药、食品及化妆品行业，附加值较高。

飞粉中氮素质量分数为 3.8%，换算成蛋白质为 23.8%。飞粉中游离氨基酸质量分数为 2.25%，再加上蛋白质态氨基酸，则氨基酸的总量可达 23%。飞粉中氨基酸的组成，按其含量大小依次为谷氨酸、天冬氨酸、精氨酸、缬氨酸、丝氨酸、苯丙氨酸、亮氨酸、甘氨酸、赖氨酸等多种。

从以上资料看，飞粉中含有大量的糖及氨基酸等，营养价值较高。但目前利用率很低，其原因是除含硫量经常超标外，另一个重要原因是含有蛋腥味和特殊的刺激性臭味。

食物的蛋腥味，一般认为是由游离草酸和草酸钙造成的。木原氏从飞粉中检测出有机酸类的游离氨基酸和盐类的草酸盐、柠檬酸盐及苹果酸盐，但未测到具有很强蛋腥味的尿黑酸。另外，从飞粉中还发现了造成魔芋块茎褐变的多酚氧化酶及其基质苯酚衍生物。因此，酚类衍生物的收敛性造成的涩味和草酸盐等成分造成的蛋腥味综合在一起，给人体感官带来了很浓的刺激性蛋腥味。

魔芋精粉特别是飞粉含有特殊的鱼腥味，是由三甲胺产生的。另外，飞粉中还含有降低血压的活性物质，这种物质是一种分子量小于 700 的低分子肽（缩氨酸）。

魔芋飞粉含有大量碳水化合物、氮素和纤维素等多种营养成分，利用前景广阔。但目前主要用作动物饲料的添加剂和工业及建筑方面砂浆的混合原料，还可酿制工业酒精以及栽培香菇等。用飞粉栽培香菇，原种培养料配比：魔芋飞粉 3%、白糖 0.3%、锯末 75.7%、麦麸 20%、石膏 1%，水料比为 1.2∶1，pH 值为 4.5。将原料拌匀，装瓶，灭菌，接种。袋料栽培的袋料配比：魔芋飞粉 3%、魔芋精粉 0.1%、白糖 0.3%、锯末 73.6%、麦麸 19%、玉米粉 1%、石膏 2%、过磷酸钙 0.5%、尿素 0.4%、多菌灵 0.1%，水料比为 1.1：1，pH 值为 5。将原料拌匀后装袋，置 100℃条件下灭菌 36 小时，冷却后接种、培养。选用魔芋飞粉为原料，利用特种酵母菌种，发酵完成后用蒸馏法脱醇制得魔芋无醇啤酒，不仅保留了啤酒原有的风格，而且风味独特，清爽纯正，还可回收醇类，既降低了成本，又提高了啤酒档次和质量。此外，还可以魔芋飞粉为原料生产魔芋香槟和魔芋白酒。

目前，在人类饮食方面，飞粉几乎未被直接利用，其原因是飞粉有蛋腥味和特殊臭味。所以，消除飞粉固有的蛋腥味和特殊臭味，研究飞粉特有的降低胆固醇、降低血压等作用，是今后飞粉开发利用研究的主要目标。

（三）魔芋食谱

1. 魔芋煎蛋　魔芋豆腐切片，与生香菇、洋葱片一起用油混炸。另加少许盐和胡椒，将鸡蛋打散拌入，再加入人造奶，混炒。

2. 拌魔芋片　将魔芋豆腐切成薄片，放入盘中，淋些花生奶油、辣酱油或芥末奶油即成。

3. 炖魔芋　将魔芋豆腐切片，煮后将水沥干；胡萝卜切成厚约 1 厘米的花片，水煮；笋纵切成 4 块；香菇泡开，切片。魔芋片、笋、香菇三者共炒，加入海带墨鱼汤、酱油、料酒，加盖共煮，快沸时再加入胡萝卜和豌豆荚。

4. 魔芋拌豆腐　将魔芋豆腐切成花形小片，胡萝卜切成长方形块，共煮；小葱横切，豆腐切块，加入碎芝麻、白糖、盐等拌和。

5. 炸魔芋　将魔芋豆腐撕碎，粘藕粉，加姜、蒜、酒和酱油，入油锅炸熟后捞出，撒些葱丝。也可将魔芋豆腐干泡软，切成细丝或薄片，粘少许藕粉，先用香油或菜油炸熟，再调入料酒、酱油、盐、辣椒粉、葱，趁热拌匀。

6. 魔芋丝　将魔芋豆腐切成细丝，用麻油炸熟，再用料酒、酱油、辣椒粉调味。

7. 五香魔芋片　将火锅调料和水放入锅中煮沸。再把魔芋豆腐切成薄片，放入锅中煮 5～10 分钟，即可像卤鸡蛋、羊肉串一样出售。

8. 魔芋饮料 以魔芋葡甘聚糖为主要原料，加入适量的调味料、香料、维生素、果汁等添加物。高速搅拌，即成各种低黏度液体状饮料。例如，将魔芋精粉与水按 1∶40～400 的比例混合并加热，使之充分膨润；将调味料、果汁与水混匀后加入魔芋精粉膨润物中，经高压搅拌机搅拌后装罐灭菌。或将魔芋精粉 1 份、水 165 份、柠檬酸 0.25 份、维生素 C 0.08 份、菠萝香料 0.3 份混合后高速搅拌，装罐灭菌即成。

9. 魔芋冰淇淋 取魔芋精粉 1 份加热水 50 份膨润 2 小时，而后加脂肪酸甘油酯 0.2 份、蔗糖脂肪酸酯 0.3 份、玉米油 6 份混合均匀，再加一定量的蛋黄、食糖、脱脂奶粉、牛奶混合均匀，进行加热。再加入精制香兰精、酒少许，调成面糊状冷冻即成。

10. 魔芋炒麻婆豆腐 将魔芋豆腐切细，豆腐切成长角片，晾干。葱和红辣椒横切，姜和蒜头细切。将以上各料与牛肉丝共炒，再加入猪油。待牛肉颜色变化后，加酱油、料酒、白糖、鸡汤共煮。煮沸后，再倒入豆腐共煮。最后加入薯粉浆液，呈糊状即成。

11. 魔芋炒米粉片 将魔芋豆腐切成长条，与米粉片共炒，加豆酱、酒、酱油调味。

12. 魔芋鱼卷汤 将魔芋豆腐块撕碎，煮后去水。牛蒡斜切，煮后去水。香菇去根，切细。鱼肉卷斜切。以上材料共炒，加海带、墨鱼汤。熟后用此汤溶散豆酱，加点细葱，快炒，使葱保持鲜绿色。

13. 烤魔芋 取魔芋豆腐 4 块，两面各切 1 厘米见方的格缝，擦些糊状油脂，快速煮熟。去根香菇 4 个，在菇伞面上切 1 个"十"字形小口，涂敷糊状油脂。圆椒 4 个，纵切成两半，去籽；葱 1 根，斜切；茄子 4 个，切成两半；豆芽去根；番茄洗净，作配菜。将魔芋、香菇涂上烤肉调味料，用铁板或钢网烤熟，再涂 1 次油脂，继续烤一段时间即可。

14. 魔芋青梅酒菜　将魔芋豆腐切薄片，蘑菇切薄片，与盐、酒共炒，加少许海带墨鱼汤。另用青梅酒加入藕粉，快速拌匀，加热成糊状，拌入菜中。

15. 牛肉、圆椒炒魔芋　将魔芋豆腐切成细长方形，牛肉切细，圆椒直切成条，三者混匀后油炸。然后，加料酒、酱油与盐。

16. 豆腐皮魔芋卷　将魔芋豆腐（或将魔芋豆腐干泡软）细切成碎块，与熟大豆、盐、葱、酒、酱油、海带墨鱼汤拌匀，用豆腐皮包成卷，并用切成细丝的海带捆紧。油炸后，用醋、蒜蘸食调味。

17. 炒魔芋豆腐　将魔芋豆腐切成条，用沸水漂煮 5 分钟，捞起沥干放入锅内炒干水汽取出，而后放入油锅，加入盐、姜末、辣椒共炒。熟后，再加酱油、味精等调料。

18. 魔芋烧鸭（鸡）　将魔芋豆腐切成小块或薄片，放入沸水中漂后捞出码盐，四川郫县豆瓣剁细。生鸭肉切成小条或小块，沸水汆除血味，捞出沥去水。用调和油炒香，然后加盐、料酒、酱油，起锅。旺火将调和油烧七成热，投入豆瓣、花椒，炒出香味、油呈红色后，投入鸭块、肉汤、魔芋、姜末、蒜片和胡椒面，小火烧约 30 分钟，起锅时加味精、水淀粉勾薄芡，盛盆。

19. 凉拌蒜泥魔芋　魔芋豆腐切成片，置沸水中漂几分钟，捞出沥干水，加少许盐脱水。酱油、味精、熟油辣椒、香油、花椒面、蒜泥调匀成汁，与魔芋片拌匀。

20. 魔芋甜烧白　将魔芋豆腐用沸水漂后，切成两刀一断的连片，每片夹砂糖馅，摆碗内呈圆形。糯米淘净，用清水泡 2 小时，沥干，旺火蒸熟。加红糖、化猪油，加入蜜饯更好，拌匀后放入蒸碗的魔芋片上，旺火蒸 40 分钟。取出翻于盘内，上面撒白糖、芝麻即成。

21. 家常魔芋肉丁　将猪肉和魔芋豆腐切成约 1.2 厘米见方的丁。魔芋丁用沸水漂后捞出，加盐脱水，下油锅炸 1 分钟取出，与肉丁、水淀粉一起拌匀。把酱油、醋、精盐、豆粉、鲜汤调成黄汁，用旺火烧热菜油，将肉丁、魔芋丁放入锅内炒散，再加入泡红海椒、泡菜、姜片、蒜片，炒香至油呈红色，再放入葱花，加芡收汁，亮油起锅，盛盘。

22. 魔芋麻辣干　选硬型魔芋豆腐，切成条形，用沸水煮一下，捞出加盐入味脱水。油锅内放菜油烧熟，投入魔芋条，炸5分钟，捞出晾凉，再入油锅，复炸至金黄色。将炸好的魔芋豆腐干与熟辣椒、酱油、白糖、味精、香油拌匀，再撒上花椒面和芝麻拌匀，盛盘。

23. 魔芋牛肉小炒　将魔芋豆腐切成薄片，生牛肉切成丝。牛肉丝中拌入佐料，腌渍3～5分钟后，用植物油旺火翻炒出锅。再加油炒魔芋豆腐，并加葱、蒜、辣椒丝、姜丝、酱油、盐、味精等，倒入炒熟的牛肉丝内，翻炒均匀即可。

24. 魔芋粉条奶酪冷盘　将魔芋粉条煮熟，切成长2厘米的小段，喷白酒干炒。另将苹果带皮切成细丝，用盐水稍浸泡后倒去水。再把脱脂奶酪加入魔芋粉条和苹果丝中，加盐、胡椒调味料和麻油拌匀。

25. 爆炒素肚片　将素肚片（魔芋仿生食品）在沸水中过一下，捞出沥水。炒锅放油加热，将葱段、姜片、蒜片、火腿片炒香。下云南昭通酱、甜酱油、咸酱油、盐、白糖、胡椒粉、素肚片搅拌，淋芝麻油、红油，出锅装盘。

26. 青椒炒素鱿鱼（魔芋"鱿鱼"）　将素鱿鱼（魔芋仿生食品）过油捞出。炒锅留油少许，下葱段、姜片炒香后放入切好的青椒炒香，再放素鱿鱼、盐、味精、胡椒，淋芝麻油，翻炒后出锅。

27. 魔芋豆腐汤　将魔芋豆腐切片漂洗后放入各种汤中，文火炖煮。久煮不糊，愈煮愈香、愈爽脆。

28. 炒冷盘　将魔芋粉条切段，长约4厘米，煮熟。胡萝卜、黄瓜切成长约4厘米的条，洋葱切成厚约5毫米的薄片，豆芽去根，生姜切细。芝麻油烧热后，放生姜和生蘑菇，掺匀后熄火，放入鱼肉罐头，调入酱油和胡椒，装在盘中。再把菜油烧热，炒魔芋粉条和青菜，青菜炒至七成熟，趁热撒上辣椒粉，停火。最后将两者掺在一起，调入酱油和芥末即可。

29. 素炒魔芋豆腐　将魔芋豆腐切成薄片，配上白菜丝、青椒丝、萝卜丝和葱。在油锅内共炒，加入五香粉、盐、酱油、辣椒粉即可食用。

30. 宫保素腰花　将腰花过油，捞起备用。炒锅留油少许将干辣椒炒香，下葱段、姜片、蒜片炒出香味，加入腰花，放甜酱油、盐、味精、白糖、勾水淀粉、淋芝麻油起锅装盘。其味鲜香滋嫩，微辣带甜，色泽红润。

31. 魔芋仔兔　仔兔 1 只洗净后去掉头、爪，斩成小块，用少许姜片、葱节、盐、料酒码味；魔芋豆腐 750 克切成 1 厘米见方的条，与茶叶（包在纱布里）一起放入沸水中汆 2 次去掉异味，捞起漂入温水中。炒锅下精炼油烧热，加姜片、葱节、花椒爆出香味，再下仔兔块煸炒，烹入料酒。炒干水汽后，下郫县豆瓣、泡辣椒、蒜片、芽菜末炒香出色，再掺入适量鲜汤，调入精盐、白糖、酱油。兔块烧至熟软后，将魔芋条沥干水分后放锅中一起烧软入味，调入味精，用水淀粉勾薄芡，起锅装盘。

32. 酸菜魔芋丸子　将七成瘦、三成肥的猪肉 750 克与冬笋 50克一起剁细，盛入盆内，加入魔芋粉 20 克、磕入鸡蛋 2 个。调入适量精盐、料酒、胡椒粉，再加少许清水，搅拌成馅。锅内放入精炼油烧热，将馅挤成直径约 3 厘米大小的丸子，入锅炸至呈金黄色后捞出沥油。锅留底油少许，放入姜米 10 克、泡酸菜丝 100 克炒香，掺入鲜汤。放入丸子，调入精盐、胡椒粉。待丸子烧至粑软，加入味精，用水淀粉勾薄芡，起锅装盘，撒上葱花即成。

33. 玫瑰魔芋　魔芋豆腐 250 克，切成长 5 厘米、宽 1 厘米的条，在花茶熬的沸水中汆 2 次，捞出沥干水分。锅内放入精炼油烧至六七成热，将魔芋条沾匀干淀粉再裹上鸡蛋液，放入锅中浸炸至表面呈金黄色后捞出。锅内放入清水约 100 克，烧沸后加入白糖，待糖汁起大泡时，下入蜜玫瑰和炸好的魔芋条，迅速拌匀，离火。

待魔芋条全部粘裹糖汁时，撒入芝麻粉和匀，冷却后起锅装盘。

34. 魔芋糕 魔芋粉按一定比例加水不停地搅动，使魔芋浆和米粉混合均匀，加热煮沸，同时加碱水，直至凝固成魔芋豆腐。冷却 4 小时后再用热水煮沸，除碱漂白、凝固，并脱水烘干即成魔芋糕。魔芋糕白色、食用爽口，韧、脆性好，具有降血脂、血糖、减肥、开胃、通便等功效，而且食用方便，可单独凉拌或炒、炸、煎、做汤。亦可与肉、海鲜、蜜饯、果胶等配合烹调。

35. 凉拌魔芋丝 魔芋 200 克，火腿肠 100 克，香油 20 克，盐、味精各适量。魔芋用清水洗净后切成丝，沸水煮 5 分钟后捞出，放凉。火腿肠切成细丝。将二者拌好后淋上香油，放入味精、盐即成。食之清凉爽口，是夏季理想的凉菜。

36. 素炒魔芋丝 魔芋 250 克，青辣椒 50 克，胡萝卜 30 克，油 20 克，香油、盐、葱、姜、味精各适量。将魔芋用清水洗净，切细丝，沸水煮 5 分钟捞出。青椒、胡萝卜洗净，切丝。锅热后放油，加入葱姜丝炝锅，放入魔芋、胡萝卜丝煸炒片刻，再放入青椒丝、盐。出锅时加上味精，淋上香油。色泽艳美，口感清爽。

37. 火腿魔芋丝 魔芋 250 克，韭菜 50 克，火腿肠 100 克，油 20 克，香油、盐、味精、葱、姜适量。将魔芋用清水洗净后切成丝，用沸水煮 5 分钟后捞出。韭菜洗净，切成长 5 厘米的小段，火腿肠切丝。锅热后放入油、葱、姜炝锅，将切好的魔芋丝放入锅内煸炒，再将韭菜、火腿肠放入锅内煸炒，放盐，出锅时加入味精，淋上香油。

38. 冷冻魔芋粉丝 魔芋粉 12 千克，β-环糊精 1.2 千克，鹿角菜胶 200 克，生石灰 140 克。将魔芋粉、β-环糊精和鹿角菜胶混匀。将 20℃的温水 40 升放入缸内，边搅拌边添加上述混合物溶解，时间约 10 分钟。搅拌后放置约 2 小时，使葡甘聚糖膨胀。膨胀后在搅拌机中搅拌 4 分钟，同时加石灰乳（由 20℃温水 1.5 升和 140 克生石灰混合而成）搅拌 2 分钟。此时，pH 值如果超出 9.5～10.5 的范围，魔芋食品即失去弹性。添加石灰乳后，挤压成形为魔芋粉丝，入煮沸槽内在 70℃温度下煮 5 分钟。煮沸后自然冷却一至数天，用流水漂洗干净后冷冻即得到成品。成品解冻后能恢复原状，体积不缩。

39. 减肥棒状魔芋　魔芋丝 1 千克，2% 苹果酸溶液 1 升左右，0.1% 葡甘聚糖溶液 100 毫升。将直径 5 毫米的市售魔芋丝用辊轧机粉碎，浸入苹果酸溶液中，在 40℃条件下浸 24 小时，制成糊状。用倾析器除去上清液，并用蒸馏水洗倾析器 3 次，通过混合机与葡甘聚糖溶液混合。再经挤压机制成直径为 5 毫米、长 30 厘米的棒状食品，直接进行冷冻干燥或碱化处理。

40. 宫保魔芋豆腐　魔芋豆腐 750 克，糍粑辣椒 100 克，水菱粉、蒜瓣、甜浆、酱油各适量，葱、姜、精盐、白糖各少许，猪油 200 克（约耗 100 克）。将魔芋豆腐切成棋子大小的方块，下沸水锅余一下，取出用肉汤浸漂，滗出肉汤过滤。葱切 3 厘米长的段，姜切末，蒜切片，锅置火上下猪油烧化，将魔芋豆腐下锅炸约 4 分钟，倒入漏勺沥去油。利用锅内余油，将糍粑辣椒煸成黄色，下姜、蒜瓣合炒，放入甜浆、魔芋豆腐、葱、酱油、糖、盐、肉汤翻炒。最后再下水菱粉勾芡，起锅盛入盘中即成。豆腐滑嫩，汁红油亮，辣而开胃。

（四）魔芋治病验方

1. 治久疟腮不愈　魔芋块茎与何首乌炖鸡服用。

2. 治丹毒　将魔芋块茎捣烂，加嫩豆腐敷患处。

3. 治跌打扭伤肿痛　取魔芋块茎，酌加韭菜、葱白、黄酒捣烂，敷患处。

4. 治毒蛇咬伤　鲜魔芋块茎、青木香、半边莲各等量一起捣烂，敷伤口周围及肿处。

5. 治眼镜蛇咬伤　取适量鲜魔芋根、鲜滴水珠根 2 个和黄连少许捣烂外敷。另用鲜魔芋花秆 50～100 克和鲜生姜 50 克捣烂绞汁，用第二次泔水（淘米水）适量冲服。

6. 治脚癣　用鲜魔芋块茎切片涂擦患处。